# Die
# Conservirung
der
# Thier- und Pflanzenstoffe
(Nahrungsmittel etc.)

Von

Dr. Stanislaus Mierziński.

Mit in den Text gedruckten Holzschnitten.

**Berlin.**
Verlag von Julius Springer.
1878.

Seinem

lieben und treu bewährten Freunde

**Josef Jeřábek**

gewidmet

vom

Verfasser.

ISBN 978-3-642-51270-4 ISBN 978-3-642-51389-3 (eBook)
DOI 10.1007/978-3-642-51389-3

Softcover reprint of the hardcover 1st edition 1878

*Einleitung.* Unsere Nahrungsmittel sind Gemenge verschiedener, durchgängig sehr complicirt zusammengesetzter organischer Verbindungen, welche im Wesentlichen aus Kohlenstoff, Wasserstoff, Sauerstoff und Stickstoff bestehen. Von selbst, d. h. ohne sichtliche äussere Veranlassung tritt unter den gewöhnlich gegebenen Bedingungen in der Mehrzahl derselben eine Umsetzung ein; sie unterliegen der freiwilligen Zersetzung und zerfallen hierbei in eine Anzahl von einfacheren Körpern. Als Endprodukte dieses Processes erhält man einige wenige unorganische Verbindungen; der Kohlenstoff bildet Kohlensäure, der Wasserstoff Wasser, der Stickstoff geht in Ammoniak über. Diese Körper entstehen in der Regel nicht sogleich und bei der Umsetzung machen sich mancherlei Verschiedenheiten bemerklich. Man unterscheidet daher meist drei Hauptarten der freiwilligen Zersetzung: Verwesung, Fäulniss, Gährung. Eine scharfe Grenze jedoch lässt sich zwischen diesen nicht ziehen, und die Processe gehen vielfach in einander über. —

*Verwesung.* Mit dem Namen Verwesung bezeichnet man jene Art der freiwilligen Zersetzung, bei welcher die organische Substanz alsbald in die einfachsten unorganischen Verbindungen zerfällt, Kohlensäure und Wasser bilden sich nun auch, wenn der organische Körper verbrennt, indem sich der Sauerstoff der Luft mit dem Kohlenstoff und Wasserstoff der organischen Substanz vereinigt. Die Verwesung lässt sich also als ein langsamer Verbrennungsprozess bezeichnen. Selbstverständlich ist hier wie bei der Verbrennung ein beständiger, reichlicher Zutritt von Luft erforderlich.

*Fäulniss und Gährung.* Anders ist es bei der Fäulniss und Gährung. Hier spielt der Sauerstoff nicht die hervorragende Rolle wie bei der Verwesung. Um die Zersetzung einzuleiten, ist zwar, wie die Erfahrung gelehrt hat, wenigstens für kurze

Zeit Zutritt von Luft zur organischen Substanz erforderlich; aber die Zersetzung, die einmal eingetreten ist, schreitet auch fort, wenn dann etwa durch Wasser — die Luft abgesperrt wird. Der Auflösungsprocess besteht weniger darin, dass die Elemente des in Zersetzung begriffenen Körpers sich mit Sauerstoff vereinigen, der von aussen hinzukommt, als darin, dass sie sich unter einander zu neuen einfacheren Gruppirungen umlagern. Die organischen Zwischenprodukte, die hierbei auftreten, zeichnen sich häufig durch unangenehmen Geruch aus. Aus dem Angeführten folgt schon, dass die Ursache der Zersetzung nicht in dem organischen Stoff liegt, sondern von aussen kommt; dass also nur uneigentlich von einer freiwilligen Zersetzung die Rede sein kann. Der Anstoss zur Verderbniss kommt also mit der Luft. Da die Zersetzungsprodukte in vielen Fällen nur Sauerstoffverbindungen sind, so lag es am Nächsten, den Sauerstoff als den Erreger der Zersetzung anzusehen, und in der Praxis auf die Entfernung des Sauerstoffs zu dringen. Bei der Fäulniss und Gährung aber hört die Zersetzung nicht auf, wenn auch der Zutritt der Luft abgesperrt wird. Es muss also doch irgend etwas Anderes geben, welches den inneren Zusammenhang der organischen Stoffe lockert und sie veranlasst, sich in andere Körper umzugestalten, und zwar muss die Luft der Träger dieses Etwas des obgenannten Fermentes sein. Nun zeigt sich bei der mikroskopischen Untersuchung der in Verderbniss übergegangenen Nahrungsmittel immer ein äusserst reges Leben niederer Organismen, die theils dem Thierreiche, theils denjenigen Familien des Pflanzenreiches angehören, welche organische Nahrung bedürfen, nämlich den Pilzen. Manche derselben, z. B. Schimmel und Kahm, lassen sich oft genug schon mit blossem Auge erkennen, die meisten jener Organismen jedoch sind so klein, dass ihre Gegenwart sich dem unbewaffneten Auge entzieht. Die Constanz ihres Vorhandenseins lässt auf einen inneren Zusammenhang zwischen der Zersetzung und zwischen der Lebensthätigkeit der Organismen schliessen. Zwar könnten dieselben sich deshalb ansammeln, weil sie auf dem in Verderbniss begriffenen Körper einen günstigen Boden für ihre Entwickelung finden; aber es könnte die Zersetzung auch selbst erst durch den Lebensprocess derselben veranlasst sein. Auch dann würde das Auftreten der Kohlensäure unter den Fäulniss- und Gährungsprodukten nur natürlich sein, da die Schmarotzerpflanzen ebenso wie die Thierchen Kohlensäure ausathmen. —

*Ursachen der Zersetzung, niedere Organismen des Thier- und Pflanzenreiches.*

*Vorhandensein der Zersetzungsorganismen in der atmosphärischen Luft.*

Wenn man sich erinnert, wie unendlich klein die niedrigsten Thier- und Pflanzenformen sind, so kann man es von vornherein nicht für unwahrscheinlich halten, dass sie selbst oder gar ihre Keime, die Ei'chen und Sporen, von der Luft aufgenommen und überall hingetragen werden, ohne dass sie sich dem Auge bemerkbar machen. Tausende mögen vergehen; aber Tausende werden auch einen Ort finden, der sie zurückhält und der für ihre Entwickelung passt. Bei der mikroskopischen Untersuchung des Staubes nun, woher er auch sein mag, finden sich thatsächlich allemal diese Anfänge des Lebens. Dass aber auch anscheinend klare Luft sie mit sich führt ist ebenfalls bewiesen worden. Zieht man grössere Mengen von Luft durch eine Röhre, welche mit einem Pfropf von Baumwolle geschlossen ist, so werden alle der Luft beigemengten festen Körperchen auf ihrem Wege von den Fasern zurückgehalten. Auch hier finden wir immer organische Keime. Unser Versuch beweist thatsächlich, dass nicht die gasförmigen Bestandtheile der Atmosphäre, sondern die ihr beigemengten, festen organischen Körper es sind, welche die Zersetzung einleiten. Statt der Baumwolle kann man sich auch des Asbests bedienen, welcher jedoch vor seiner Anwendung geglüht werden muss, um alles organische an denselben zu zerstören.

Aus dem Vorangeführten ergeben sich nun folgende Resultate:

1. Die Zersetzung organischer Stoffe, Verwesung, Fäulniss und Gährung wird hervorgerufen durch niedere Organismen;

2. Diese sind unter den gewöhnlichen Bedingungen immer der Luft beigemengt;

3. Die Verwesung tritt ein, wenn die Luft zu dem in Zersetzung befindlichen Stoff ungehinderten Zutritt erhält; Fäulniss oder Gährung, wenn der Zutritt der Luft gehemmt wird.

Steht es einmal fest, dass die Verderbniss der Nahrungsmittel unter dem Einfluss lebender Wesen vor sich geht, so wird Alles, was den Zutritt organischer Keime erleichtert und das thierische oder pflanzliche Leben fördert, auch die Zersetzung begünstigen; Alles was das thierische oder pflanzliche Leben hindert oder aufhebt, auch den Eintritt der Verderbniss hindern oder die begonnene Zersetzung aufheben.

*Wie kann man Nahrungsmittel conserviren?*

Die Frage: „wie kann man die Nahrungsmittel conserviren?“ nimmt also jetzt folgende Gestalt an:

1. Kann man den Zutritt der organischen Keime verhüten?
2. Welche Bedingungen fördern oder hindern die Entwickelung jener niederen Organismen?

Schon aus dem Vorhergehenden ergiebt sich, dass uns kaum Mittel zu Gebote stehen dürften, den Zutritt organischer Keime zu grösseren Mengen von verderbnissfähigen Stoffen zu verhüten. Die Keime werden überall hin mit dem leisesten Luftzuge verbreitet und sind dazu wegen ihrer Kleinheit nicht wahrnehmbar. Der Kampf mit einem unsichtbaren Feinde ist aber unter allen Umständen der schwierigste. Selbstverständlich ist es, dass man sorgfältig alle verwesenden und faulenden Stoffe, Alles, was dem Angriff jener Organismen schon unterlegen ist, fern halten muss. Daher die altbekannte Regel, keine kranke Kartoffel, kein angegriffenes Obst unter dem übrigen Vorrathe zu lassen. Hier sind die Brutstätten für die spätere Verderbniss des Gesammten. — Bei allen Nahrungsstoffen, die einen grösseren Raum einnehmen, bleibt also nichts übrig, als sie so aufzubewahren, dass die Bedingungen für die Entwickelung thierischer oder pflanzlicher Wesen möglichst unvortheilhaft sind.

*Welche Bedingungen sind dem normalen Verlauf des Lebensprocesses günstig oder ungünstig? —*

Damit werden wir zur zweiten Frage geführt: Welche Bedingungen sind dem normalen Verlauf des Lebensprocesses günstig oder ungünstig? Thiere und Pflanzen bedürfen zunächst zur Entwickelung und zur Fortexistenz ihres Lebens einer gewissen mittleren Temperatur. Mit dem Eintritte der kälteren Jahreszeit geht die Vegetation mehr und mehr zurück, um endlich ganz still zu stehen; das Leben und Treiben der Thierwelt, so rege während der wärmeren Monate, ist plötzlich verschwunden. Die Temperatur, bei welcher sich das Leben im Korn zu regen beginnt, die Keimtemperatur, liegt z. B. für Weizen und Gerste bei etwa + 5° C.; für andere Pflanzen noch höher. Kein Samen keimt unter 0° C. Zur Zerlegung der Kohlensäure, d. h. zur Nahrungsaufnahme durch die Pflanzen, ist gleichfalls eine bestimmte Wärme erforderlich, deren Minimum etwa bei + 4 bis 10° C. liegt. Nicht anders wie bei den höher organisirten Wesen ist es bei jenen niedrigsten Lebensformen, die bei der Fäulniss und Gährung eine Rolle spielen. Bei der Hefe z. B. beginnt eine schwache Lebensäusserung bei + 4° C.; unter dieser Temperatur ruht jede wahrnehmbare Thätigkeit im Organismus.

*Conservirung der Nahrungsmittel mittelst Kälte.*

Mit den angeführten Thatsachen hängt es zusammen, dass Fleisch, Gemüse, alle unsere Nahrungsmittel sich im Winter länger halten als im Sommer, dass sie sich in Eisschränken oder Eiskellern fast beliebig lang unzersetzt bewahren lassen. Tellier gründet auf diese Thatsache seine Methode der Conservirung der Nahrungsmittel, welche einfach darin besteht, dass man den Raum in welchem Fleisch etc. lagert, durch einen Strom trockener auf — 8 bis 10° C. abgekühlter Luft immer so kalt erhält, dass die Temperatur in demselben niemals über — 1° C. steigt. Die Abkühlung der Luft erfolgt nicht durch Eis, sondern durch Verdunstung von Methyläther, mittelst eines von Tellier construirten Apparates.

Poggiale erklärt das Verfahren für geeignet, frisches Fleisch von Südamerika in geeignetem Zustande und zu einem mässigen Preise nach Europa zu schaffen.

Nahrungsmittel also, die für längere Zeit aufbewahrt werden sollen, bringe man deshalb an den Ort des Hauses, dessen Temperatur möglichst niedrig und möglichst gleichförmig ist.

*Conservirung mittelst Wärme.*

Aber auch die Wärme darf eine bestimmte Grenze nicht überschreiten, soll das Leben der Thiere und Pflanzen ungefährdet bleiben. Versuche, bei welchem Wärmegrad die Lebensthätigkeit aufhört, sind unter den niederen Organismen häuptsächlich mit der Hefe und den Sporen verschiedener Schimmelpilze angestellt worden. Das Leben der Hefenzellen wird nach der Untersuchung Hoffmann's bei einer Temperatur zwischen 60 bis 74° C. unterbrochen, bei 80° C. vollständig aufgehoben. Bei 75° C. gerinnt das Eiweis, welches einen wesentlichen Bestandtheil der Zellen des Pflanzen- und Thierkörpers bildet. Der Eintritt des Todes unter diesen Verhältnissen ist also leicht erklärlich. Daraus ergiebt sich nun weiter, dass ein plötzliches Erwärmen weniger wirksam ist als eine allmälige Steigerung der Temperatur. Erhitzt man also die zu conservirenden Nahrungsstoffe solange und auf eine solche Temperatur, dass die etwa vorhandenen Keime organischer Wesen getödtet werden, und hindert dann den Zutritt neuer, so müssen sich die Nahrungsstoffe unzersetzt erhalten. Durch die Wärme gerinnt ferner auch das Eiweiss der Zellen, aus denen sich der pflanzliche und thierische Körper aufbaut; wie auch das Wasser aus den Zellen entfernt wird. Darauf gründet sich das Verfahren des Trocknens, des Dörrens, wodurch die organischen Stoffe aufbewahrt werden können. In den Wüsten Afrikas findet man sehr häufig in dem heissen Sande eingebettet vollkommen erhaltene menschliche Leichen und Thiercadaver. Es sind dies die sogenannten „weissen Mumien." In Mittelamerika wurden in früheren Zeiten die Verstorbenen von ihren Angehörigen in der Art für fernere Zeiten aufbewahrt, dass sie über einem kleinen Feuer vollkommen ausgetrocknet wurden, indem sie in Fällen auch noch in Baumwolle fest eingewickelt worden waren.

*Dörren, Trocknen.* Direct getrocknet werden nun einige Obstarten, besonders Zwetschen, Aepfel, Birnen etc., ferner viele Kräuter, besonders zum medizinischen Gebrauche bestimmte, die entweder an der Sonne oder in einem Trockenhause durch Anwendung künstlicher Wärme in den erlangten Zustand übergeführt werden. Die nachstehende Abbildung (Fig. 1) zeigt den geheitzten Raum, in welchem die Kräuter u. dgl. m. getrocknet werden. Von den an der Decke des Trockenhauses oder Dörrbaumes angebrachten Latten hängen die zu trocknenden Kräuter in Büschel zusammengebunden herab.

Fig. 1.

Obst wird weniger an der Sonne, sondern meistentheils in Trockenöfen, welche sehr verschiedene Einrichtungen haben, getrocknet. Bei Anlage solcher ist besonders darauf zu achten, dass die Luft, welche mit Wasserdampf beladen ist, continuirlich entfernt und durch neue ersetzt werden kann. Grosse fleischige, saftige Früchte z. B. Aepfel, Birnen u. dgl. werden erst in Stücke zerschnitten, damit die in denselben befindliche Feuchtigkeit rascher und vollständig entweichen kann. In Frankreich werden besonders viel Aepfel- und Birnenschnitte getrocknet und zwar zu dem Zwecke um daraus eine Art Cider oder Obstwein bereiten zu können. Es werden 30 Kil. getrocknete Obstschnitte mit 250 Liter Wasser eingeweicht und die Mischung 4 bis 5 Tage zum Gähren hingestellt. Man setzt gewöhnlich während des Gährens einige Kilogramme Wachholderbeeren oder etwas weniges Fliederblüthen, wodurch das Produkt angenehmer wird, zu. —

*Trocknen mittelst warmen Luftwechsels.*

Wie die Natur in allen Dingen die Lehrmeisterin der Menschen war, so hatte sie dem Auge des Beobachters auch bald gezeigt, dass nasse Gegenstände in die Sonne gelegt durch deren Wärme bald trocknen und als Nachahmung in Jahreszeiten, wo die Sonne nicht die nöthige Wärme lieferte, fand man in dem Feuer oder der daraus abgeleiteten Wärme den gewünschten Ersatz für die entbehrte Sonnenwärme. Man fand aber auch weiter, dass wenn auch die Sonne nicht schien, man dennoch trocknen könne, wenn nur ein kräftiger Wind wehte, und nachdem die Wissenschaft festgestellt hatte, dass durch erhöhte Wärme die Luft in den Stand gesetzt wird, mehr Feuchtigkeit aufnehmen zu können, dass aber einer gewissen Luftmenge nur eine bestimmte Feuchtigkeitsmenge entspräche, so ergab sich, dass zum Trocknen zwei wesentliche, untrennbare Factoren gehören, nämlich Wärme, um die Feuchtigkeitsmenge in Dunstform aufzulösen, und Luftwechsel, um immer die gesättigte Luft durch solche zu ersetzen, die wieder aufs Neue Feuchtigkeit aufnehmen kann. Beide Factoren sind unzertrennlich und müssen sich wechselseitig unterstützen. — Wer am rationellsten trocknen will, wird dafür sorgen, dass im Trockenraume möglichst gleichmässig der gewünschte Grad vorhanden sei, und dass soviel trockene Luft zuströmt, als nothwendig ist, um in der gewünschten Zeit die Feuchtigkeit in Dunstform aufzulösen, und dann, wie schon erwähnt, einen genügenden Abzug herstellen, damit dieselbe Luftmenge, mit Dünsten beladen in der gegebenen Zeit auch wirklich abzieht. Eine ganz gleichmässige Ausbreitung der Wärme kann nur erlangt werden, wenn man die warme Luft zum Abwärtsgehen zwingt.

*Obstdörre von Dr. Lucas.*

Dr. Ed. *Lucas* in Reutlingen hat einer von ihm neu construirten Obstdörre solche Einrichtung gegeben, dass die feuchte Luft stets durch neu zuströmende, trockene, reichlich ersetzt werde, und die Wärme von oben nach unten ströme, und es gelang ihm, diese Anforderungen an eine gute Dörre auf das Vollständigste und Einfachste zu erreichen. — Die Dörre (Fig. 2) besteht aus 3 Theilen: aus einem

Fig. 2.

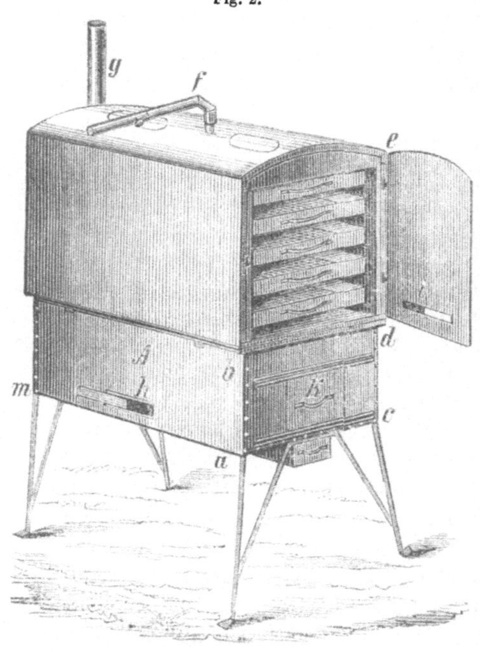


*Heizkasten*, einem *Dörrkasten* und dem *inneren Dörrraum*. Sie hat die besondere Einrichtung, dass die Wärme des Heizapparates den Doppelwandungen entlang in den oberen Raum der Dörre hinaufgetrieben wird, wonach die Wärme von oben sich auf das zu dörrende Obst oder sonstige Gegenstände (Bohnen, Kräuter etc.) ergiesst und die 6 *Schubladen* oder *Dörrhurden* durchdringend, zu einer am unteren Theil der Thüre der Dörre befindlichen Oeffnung *l* herausgeleitet wird. Die hier ausströmende Luft ist beim Dörren so stark mit Feuchtigkeit gesättigt, dass die vorgehaltene Hand sofort ganz nass wird.

*A* ist der Heizkasten; derselbe steht auf vier 0,40 M. hohen, aus Stabeisen gefertigten Füssen, welche mit dem Heizkasten eng verbunden sind und in ihrer Fortsetzung dem ganzen Heizkasten, der aus starkem Eisenblech gefertigt ist, Festigkeit verleihen. Als innere Theile des Heizkastens sind zu bemerken: *k* die Heizung. Dieselbe besteht aus einem 0,20 M. breiten, 0,18 M. hohen viereckigen Kasten unten mit Rost und Aschbehälter versehen. Hier wird das Feuer angemacht; statt der Ofenthüre dient ein sogenanntes Schiebergestell. Am Ende der Heizung geht der Rauch in zwei Röhren rechts und links bei *m* ab, um dann in 2 Röhren erst wieder bis zu *a* und *e* vor-, und von da an in 2 Röhren, und zwar über den ersten, wieder zurückzuziehen, um in 2 schräg aufsteigenden Röhren sich hinter dem Dörrkasten in *g* zu vereinigen, und in einer Hauptröhre fortgeleitet zu werden. Die kleineren Heizungsröhren sind 0,08 M. weit; das sie vereinigende Hauptrohr 0,12 M. In diesem Heizkasten sind nun rechts und links Oeffnungen *h*, 0,17 M. lang, 0,06 M. hoch angebracht, welche nach Bedürfniss durch einen Schieber mehr oder weniger weit geöffnet werden können. Dieselben leiten während des Dörrens fortwährend trockene Luft unter und zwischen die Heizröhren, welche Luft hier sehr stark erwärmt wird und später vorzüglich zum Dörren dient. Auf dem Heizkasten sitzt nun der Dörrkasten auf, welcher jederzeit leicht abgehoben werden kann. — Der Dörrkasten besteht aus einer doppelwandigen Umfassung an drei Seiten und oben, während eine hölzerne mit Sturzblech beschlagene Thüre den Kasten, und somit den Dörrraum abschliesst. Die Höhe des Dörrkastens von *d* — *e* beträgt 0,55 M., die Breite desselben von *b* — *d* 0,60 M. Der Hohlraum zwischen der äusseren und inneren Wandung der Umfassung beträgt 0,04 M. Dieser Raum, der selbstverständlich unterhalb abgeschlossen ist, bleibt entweder ganz leer und die eingeschlossene ruhende Luft wirkt sehr genügend als schlechter Wärmeleiter, oder wird mit Asche, Kohlenstaub oder einem anderen sehr schlechten und nicht dem Verbrennen ausgesetzten Wärmeleiter, wie Infusorienerde, gefüllt. Innerhalb dieser Umfassung des Dörrraumes befindet sich ein besonderes Gestell, das von den Umfassungen 0,03 M. entfernt ist. Dasselbe enthält die eisernen Leisten, auf welchen die Dörrhurden ruhen, und besteht, wie die ganze Dörre, aus Sturzblech. Ein Boden aus dem gleichen Material schliesst dieses Gestell nach unten hin ab und verhindert zugleich, dass irgend ein Gegenstand in den Heizraum hinabfallen kann. Dieser eine Theil der Dörre ist ebenfalls leicht vom Heizkasten abzuheben, um jederzeit die Heizröhren reinigen oder ausbrennen zu können.

Die 6 Dörrhurden sind je 0,40 M. breit und 0,74 M. lang und enthalten im Ganzen ungefähr 21 Quadratfuss Flächenraum. Diese Dörrfläche ist zwar nicht bedeutend, allein da alles in dieser Dörre mindestens doppelt so schnell dörrt als in jeder anderen, so genügt sie, um das gleiche Quantum gedörrter Produkte zu liefern, wie eine doppelt so grosse Dörre. Die Dörrhurden haben Einfassungen von Weissblech; ihr Boden besteht aus gut verzinntem Geflechte von Eisendraht. Jede Dörrhurde ist von den anderen 0,035 Meter entfernt. Bei *f* tritt aus dem Innenraume der Dörre durch den oberen Doppelboden eine gebogene mit einer Klappe abschliessende Röhre heraus, welche, wenn das Obst frisch aus der Dörre gebracht wird, offen gehalten, später aber geschlossen wird; sie leitet die überflüssigen Dämpfe kräftig ab. Durch die Oeffnungen *h* tritt stets trockene Luft in den Heizraum; dieselbe steigt, da sie sofort an den Röhren, die sie umspielt, sich sehr stark erhitzt, als heisse trockene Luft durch den beschriebenen Zwischenraum zwischen der innern Gestellwand und der Umfassung in die Höhe und durchströmt nun von oben nach unten die sämmtlichen Schubladen, um durch die in der Thüre befindliche Oeffnung *l* als mit Feuchtigkeit reich gesättigte Luft wieder aus der Dörre zu treten. Bei dieser Dörre wird das frische Obst stets in die untersten Hurden gebracht, das abgetrocknete in die oberen. Es wird hier nicht das schon bald trockene Obst durch frisch eingebrachtes wieder angefeuchtet, indem die Feuchtigkeit des letzteren nach unten abgeleitet wird, und der warme Luftstrom von oben nach unten so stark ist, dass seine Wirkung mit einer an die Oeffnung *l* gehaltenen brennenden Kerze nachgewiesen werden kann. Langsames Heizen ist bei der überaus starken Wirkung der Dörre nicht genug zu empfehlen; beim Anbrennen ist kein Stroh oder derartiges, viel Rauch erzeugendes Material zu verwenden. Ist das Feuer einmal angebrannt, so sind auch die Dimensionen der Röhren für den Durchzug vollkommen genügend. Der grosse Vortheil dieser Dörre besteht darin, dass dieselbe leicht und überall aufgestellt werden kann.

*Conserviren von Vegetabilien durch Trocknen.*

In ähnlicher Weise sind in Frankreich Versuche mit dem künstlichen Eintrocknen von Gemüse angestellt worden, welche glücklich ausgefallen sind. Die den Pflanzen entbehrlichen Wassertheile werden nämlich in einer mässig erwärmten Trockendörre den Pflanzen entzogen und diese dann unter die hydraulische Presse gebracht. Das Gemüse wird vorher gelesen; der Process des Trocknens findet bei 50 bis 60° C. statt und dauerte bei den angestellten Versuchen 22 bis 28 Stunden; die Pflanzen verloren dabei durchschnittlich neun zehntel ihres vorherigen Gewichtes, und circa 600 Kilogramme getrocknetes Gemüse werden unter der hydraulischen Presse auf einen Kubikmeter zusammengepresst. Die so condensirten verschiedenen Gemüse, hauptsächlich aber Kerbel und Kohl, nehmen beim Kochen wieder Aussehen und Geschmack gleich frisch gepflückten Pflanzen an. Besonders wichtig ist die Eintrocknung nährender Vegetabilien für die Schifffahrt und für die Verproviantirung von Festungen, indem die auf Schiffen und in Festungen für die Aufbewahrung der Lebensmittel nöthigen Räume nicht nur beträchtlich vermindert werden können, sondern auch lange dauernde Seereisen und Belagerungen, in Bezug auf die zu conservirende Geniessbarkeit der Lebensmittel, weniger schwierig auszuhalten sind. Solches Gemüse ist seit einiger Zeit auch in Deutschland in den Handel gebracht und die daraus geformten Tafeln ziemlich theuer bezahlt worden. Ueber dieses Verfahren sagen Ch. Dollfuss und Morel-Fatio, dass die Produkte, welche nach der vorbesagten Methode erhalten wurden, ohne dass sie vorher gekocht worden wären, den Heugeruch, welcher jede grün angewandte und ausgetrocknete Pflanze charakterisirt, besitzen und mit der Zeit einen scharfen Geschmack, in Folge der langsamen Gährung, welche jede, selbst trockene vegetabilische Substanz, deren Albumin nicht zum Gerinnen gebracht wurde, nothwendig durchmacht, annehmen. Durch ein vorhergehendes Kochen mittelst überhitzten Wasserdampfes wird hingegen die Pflanze vollständig modificirt: ihre Lebenskraft wird gewissermaassen zerstört und nachdem sie einmal ausgetrocknet ist, kann sie der freien Luft ausgesetzt bleiben, ohne eine Veränderung zu erleiden. Um sich also für den Winter ausser mit Kartoffeln, Sauerkraut und Bohnen, welche letztere auf bekannte Weise eingemacht werden, auch mit anderen Gemüsen versehen zu können, dient folgende Vorschrift, solche zu dörren (trocknen). Die grünen oder Pflückerbsen z. B. werden ausgehülst in kochendes Wasser geworfen, 5 bis 6 Minuten darin gelassen, das Ganze auf einen Seiher geschüttet und mit kaltem Wasser rasch abgekühlt. Nach dem Abtropfen lässt man sie, auf Papier oder einem Sieb oder einer Weidenhürde ausgebreitet, in einem Backofen oder in einer Trockenkammer bei sehr mässiger Wärme trocknen und bewahrt sie alsdann in Papiersäcken an trockenem Orte auf. Die grünen Bohnen dürfen nicht zu jung sein, es ist besser, wenn sie schon Samen enthalten, sie müssen aber dann etwas länger kochen. Die Saubohnen behandelt man wie die Pflückerbsen. Gelbe Rüben, Kohlrabi und Blumenkohl ebenso. Andere Gemüse werden wahrscheinlich denselben Erfolg haben. Wenn der Ofen eine Temperatur von 43 bis 50° C. hat, sind sie in 24 Stunden dürre. Die so gedörrten Gemüse verlieren $^3/_4$ bis $^9/_{10}$ an ihrem Gewichte. Bei ihrer Zubereitung in der Küche aber, die sich von der gewöhnlichen nicht unterscheidet, nehmen sie ihr früheres Volumen wieder an und der Geschmack ist ganz der von frischem Gemüse. Die in Frankreich jetzt übliche Methode besteht darin, dass die sorgfältig gereinigten Gemüse in kochendes Wasser, welchem ein Stückchen Glaubersalz oder Soda zugesetzt ist, gebracht, einmal aufgekocht, mit einem Durchschlag herausgenommen und auf Papier abgetrocknet werden. Zum Trocknen in den Trockenschränken (welche letztere durch Röhrenleitung, am besten Wasserheizung, erhitzt werden und gut ventilirt sein müssen) genügt für gewöhnliche Küchenkräuter schon eine Temperatur von 45° C. — Wurzelgewächse, die sehr dünn ausgestreut werden müssen, beanspruchen dagegen wenigstens 56 bis 63° C., mitunter auch noch mehr. Sobald ein vollständiges Trocknen stattgefunden hat, werden die Gemüse gepresst und kommen dieselben dann in blecherne Büchsen, wo sie Jahrelang unter Beibehaltung ihres vollständigen Wohlgeruches aufbewahrt werden können. Vor der Benutzung in der Küche werden diese Gemüse noch einige Stunden in kaltem Wasser aufgequellt und wird mit ihnen wie mit jedem frischen Gemüse bei Bereitung der Speisen dann weiter verfahren.

*Conserviren der Weintrauben. Rosinen.*

Die Weintrauben sind, wie bekannt, nach ihrer Reife mit einem wachsartigen, für Wasser undurchdringlichen, Ueberzuge versehen, welcher dessen Entweichen aus dem Inneren der Beeren hindert, das Trocknen also ein schwieriges, fast unmögliches ist. Est ist jetzt aber gebräuchlich die Trauben, welche getrocknet werden sollen, einige Mal in eine kochende schwache alkalische Lauge einzutauchen, wodurch der wachsartige Ueberzug gänzlich von der Oberfläche entfernt wird. Ob zwar, auf diese Weise vorbereitet, das Trocknen der Beeren sehr rasch beendet ist, so besitzt diese Methode den Uebelstand, dass ein geringer Antheil des Alkali auf der Schaale hängen bleibt; dadurch wird aber Feuchtigkeit angezogen und die Trauben (Rosinen) werden unangenehm klebrig anzufühlen. Hugoulin hat bereits im Jahre 1870 das vollständige Trocknen der Weintrauben dadurch ermöglicht, dass er den wachsartigen Ueberzug erst durch Alkali entfernt, hierauf die Beeren mit Weinsäure behandelt und schliesslich mit Wasser abwäscht. Das trockene Produkt (Rosinen) hält sich sehr gut gegen alle Einflüsse des Wetters und bleibt trocken. —

*Weintrauben-Extract, oder Syrup. Traubenzucker.*

In den Weingegenden wird aus dem Safte der reifen Trauben für den Hausgebrauch eine Art Extrakt, Syrup, in Frankreich unter dem Namen Traubenzucker bekannt, bereitet. Es lassen sich zu diesem Zwecke alle Trauben mit Vortheil verwenden, doch werden weisse Trauben vorgezogen, weil sie weniger färbende Theile enthalten. Die Trauben dürfen nur gelesen werden, wenn sie trocken sind und auch nur gelinde gepresst werden; der Most, welchen man durch stärkeres Pressen erhält, dient besser zur Weinbereitung; hierauf wird der Most geschwefelt, damit er sich länger hält und weil dadurch die Bildung von Rohzucker auch sehr erleichtert wird. Das Schwefeln geschieht successiv, indem erst das Fass bis zu $^1/_4$ gefüllt, dann 2 bis 3 Schwefelschnitte hierinnen verbrannt werden, worauf das Fass zugespundet und eine Zeitlang gerollt wird, damit die schweflige Säure vom Most verschluckt wird, hierauf wird das Fass halb vollgefüllt und ebenso verfahren, zuletzt zu $^3/_4$ und nochmals geschwefelt und endlich das Fass voll gefüllt. Hierauf wird nach einem Tage Ruhe die nun völlig klare Masse von den niedergefallenen Hefen auf ein anderes geschwefeltes Fass gezogen, wo der so behandelte Most sich nun lange hält, indem die schwefelige Säure sich nach und nach in Schwefelsäure verwandelt und den Kleber zum Gerinnen bringt. Um nun hierauf den Syrup darzustellen, wird der Most gelinde erhitzt, Kreide zugesetzt, bis kein Aufbrausen mehr erfolgt, die Flüssigkeit einige Minuten gekocht und einen Tag stehen gelassen, damit sich der entstandene Gyps etc. absetzen kann. Hierauf wird die abgegossene Flüssigkeit in einem Kessel erhitzt, mit Blut oder Eiweiss (1—1$^1/_2$ Kl. oder 12 Eier auf 50 Kl. Most) geklärt, fleissig abgeschäumt und bis zu 1,22 S. G. ungefähr also 26° Bé. abgedampft, worauf man sie einige Zeit stehen lässt, damit sich die fremden Theile, besonders der weinsaure Kalk, vollends absetzen.

Hierauf wird er neuerdings in flachen Kesseln bis zur Syrupdicke etwa 1,3 S. G. oder 34° Bé. abgedampft und so schnell wie möglich abgekühlt, was am Besten so geschieht, dass man ihn durch ein Kühlrohr laufen lässt. Dieser Syrup ist nun rein, süss und klar und zum Küchen- und Conditoreigebrauch vollkommen brauchbar. Von 50 Kl. Most erhält man etwa $12^1/_2$ Kl. Syrup.

*Agrest.* Agrest ist der ausgepresste Saft unreifer Weinbeeren mit Zucker zur gehörigen Dicke eingekocht; auch wird der unreife Weinbeerensaft ohne Zusatz von Zucker unter diesem Namen versendet und in den Apotheken und Küchen verbraucht, auch hier und da in den Wachsbleichereien zur Reinigung des Wachses verwendet. Sonst werden auch die harten mit Essig eingemachten Weinbeeren hier und da Agrest genannt und wie Oliven in der Küche verbraucht. Da in den meisten Fällen die

*Verunreinigung des Weintraubensyrups mit Kupfersalzen.* Darstellung des Weinbeersyrups in kupfernen, nicht verzinnten Kesseln vorgenommen wird, so ist es leicht möglich, dass derselbe, besonders wenn während dessen Bereitung keine grosse Sorgfalt angewendet worden ist, Kupfersalze enthalten könne. Man erkennt die Gegenwart derselben in der Art, dass man ein blankes Stück Eisen (Draht etc.) in dem Syrup liegen lässt, welches letztere im bejahenden Fall einen röthlichen Ueberzug von Kupfer erhalten wird.

*Darstellung von Pflanzensäften, Extracten etc.* Pflanzensäfte oder Abkochungen von Rinden, Wurzeln und anderen Pflanzentheilen oder ganzen Pflanzen werden gewöhnlich entweder bis zu einem gewissen Grade der Concentration eingedickt, oder völlig eingetrocknet. Man erhält auf diese Art die sogenannten Extracte, z. B. Süssholzextract, Kampecheholzextract u. dgl. m. In diese Form werden vorzugsweise die Farbstoffe der Hölzer gebracht. Das Opium, Lactucarium, sind durch die Sonne eingetrocknete Pflanzensäfte, welche durch Einschnitte in die Mohn- resp. Lattichpflanze gewonnen werden. — —

*Bestandtheile des fettfreien Fleisches.* Das fettfreie Fleisch der Thiere enthält durchschnittlich $27^1/_2$ pCt. feste Bestandtheile, von denen 25 pCt. aus Fibrin und Albumin, die übrigen $2^1/_2$ pCt. aus Zersetzungsprodukten des letzteren und aus Alkalisalzen bestehen. Fibrin und Albumin repräsentiren die eigentlichen ernährenden Eigenschaften des Fleisches, während die Salze als Beförderungsmittel der Verdauung wichtig sind. Weder das mit Wasser behandelte Fleisch noch der wässerige Auszug (das

Fleischextract) besitzen je für sich die genannten Proteïnstoffe und Salze, also den ganzen Ernährungswerth des Fleisches, und es geht viel von demselben beim Einsalzen des Fleisches durch Fortgiessen der Lauge, die die extractiven Stoffe aufgenommen hat, verloren. Durch das Räuchern des Fleisches wird das Albumin und Fibrin coagulirt, und dadurch vor Selbstzersetzung geschützt, doch ist das geräucherte Fleisch weniger leicht verdaulich als rohes. Eine der rationellsten Methoden neuerer Erfindung, weil dabei dem Fleische seine ursprüngliche Beschaffenheit verbleibt, wäre das Einschliessen in luftdichte Behälter, wenn sich ihrer Ausführung nicht zu grosse Schwierigkeiten entgegen stellten; ihr am nächsten steht die Aufbewahrung durch niedrige Temperaturen.

*Endemann's Verfahren der Conservation des Fleisches.*

Nach diesen Betrachtungen schlägt Dr. H. Endemann zur Conservation des Fleisches vor, dasselbe in dünne Schichte zu bringen, in einem warmen Luftstrome bei einer 60° C. nicht überschreitenden Temperatur zu trocknen, was binnen 3 Stunden bewerkstelligt werden kann; das daraus hervorgehende Produkt ist hart, lässt sich leicht auf einer Mühle zerkleinern und befindet sich dann in dem zum Gebrauche geeigneten Zustande. Fibrin und Albumin sind darin nicht coagulirt, mithin noch fähig Wasser aufzunehmen und die Fasern wieder bis zu ihrer natürlichen Beschaffenheit auszudehnen. Das so dargestellte Fleischpulver besitzt eine hellbräunliche gelbe Farbe, riecht schwach bratenähnlich und hält sich sehr gut. Zur Herstellung einer Suppe kocht man 58—60 Gramm des Pulvers nebst den übrigen gebräuchlichen Ingredienzien mit 470 Gramm Wasser einige Minuten lang. Eine solche Suppe ist weit kräftiger als eine mit 250 Gramm frischen nicht zerschnittenen Fleisches bereitete, denn dies giebt, wenn man es auch noch so lange kocht, seine extractiven Materien nicht so vollständig ab, wie das Fleischpulver. Zur Herstellung zusammenhängender Bratenstücke rührt man 500 Gramm des Pulvers mit einem Ei und der erforderlichen Menge Wasser zu einer compakten Masse an und behandelt diese alsdann wie ein frisches Stück Fleisch. Die Thatsache, dass das Albumin und Fibrin sich in dem Fleischpulver nicht coagulirt befinden, macht es zu einem wichtigen Medicament für Schwindsüchtige und in allen Fällen von Schwäche, wo gute Nahrungsmittel erfordert werden, denn es wird leichter verdaut als rohes Fleisch, weil, nachdem es mit kaltem oder lauwarmem Wasser verschluckt ist, der Aufschwellungsprocess im Magen vor sich geht, wobei der Magensaft sogleich davon absorbirt wird. Dass dem wirklich so ist, davon hat sich Dr. H. Endemann experimentell überzeugt, indem er entsprechende Mengen rohes Fleisch und Fleischpulver in Glasflaschen brachte, gleiche Mengen verdünnte Salzsäure und Pepsin hinzusetzte und bei einer Temperatur von 43° C. digerirte. Während nun der Inhalt derjenigen Flasche, worin sich das Fleischpulver befand, nach 6 Std. eine gleichförmige, obwohl nicht ganz klare Flüssigkeit darstellte, waren in der anderen Flasche noch ganze Fleischstücke sichtbar.

*Verfahren von Blumenthal und Chollet.* Aber schon vor Dr. H. Endemann empfahlen Blumenthal und Chollet dasselbe Verfahren, indem sie Fleisch in dünne Stücke zerschnitten, diese austrocknen liessen, das getrocknete Fleisch zu einer pulverigen Masse zertheilten, diese nochmals gut austrockneten und sodann zusammenpressten. Die Genannten schlagen auch vor, Tafeln aus getrocknetem Gemüse, welchen Fleischpulver beigemengt ist, anzufertigen, oder die Gemüsetafeln wiederholt mit Fleischbrühe zu imprägniren und jedesmal zu trocknen, worauf sie nachher nur des Kochens mit Wasser bedürfen, um ein fertiges Gericht zu liefern.

*Verfahren von A. Ungerer.* Um dem conservirten Fleisch den vollen Nahrungswerth zu erhalten, schlägt A. Ungerer vor, zerhacktes Fleisch bei etwas über 100° C. so zu trocknen, dass der ganze Wassergehalt innerhalb einer halben Stunde entfernt wird, und dann in ein feines Pulver zu verwandeln, welches der leichteren Verpackung wegen zu Tafeln oder Blöcken gepresst werden könne. Ungerer bemerkt aber nicht, in welcher Art das Trocknen ausgeführt werden soll; wie nicht minder das Pressen selbst keine Garantie für die Reinheit der Fleischconserven bieten würde, abgesehen davon, dass dieselbe sehr bald von Würmern zerfressen werden möchte.

Nach einem Vorschlage von Morel-Fatio und Verdeil wird das Fleisch von den Knochen und vom Fette befreit, hierauf in Scheiben quer über die Lage der Fasern geschnitten, auf Horden von Weidenruthengeflecht gelegt und in eine Kammer gebracht. In diese Kammer, aus Blei oder Eisen bestehend, wird durch eine passende Röhrenanlage Wasserdampf bis zu 3 bis 4 Atmosphären Spannung (135 bis 145° C.) geleitet, den man 10 bis 15 Minuten auf das Fleisch einwirken lässt. Durch den Dampf wird nämlich das Fleisch gewissermaassen abgebrüht und der darin enthaltene Eiweissstoff auf der Oberfläche des Fleisches zum Gerinnen gebracht, wodurch dieses alle seine Bestandtheile behält und wie angebraten erscheint. Das so behandelte Fleisch wird in einer anderen, auf 40 bis 45° C. erwärmten Kammer zum Trocknen aufgehängt und, nachdem dies geschehen, in Blechbüchsen oder Fässern, auf deren Boden man eine dünne Schichte Salz streut, aufbewahrt. Das Fleisch erhält sich in diesem Zustande lange frisch und wird beim Gebrauche 1 bis 2 Stunden lang in warmem Wasser eingeweicht, wodurch es in seinen ursprünglichen Zustand übergeht, so dass man es vom frischen Fleische nicht unterscheiden kann.

*Verfahren von Dannecy.* Dannecy in Bordeaux zerkleinert das frische Fleisch, breitet es auf Mousselin aus und trocknet es schnell in einem Luftstrome. Alsbald wird es eine zerreibliche Masse, welche zerkleinert ein braunes, fast geruchloses, schwach salzig schmeckendes Pulver liefert. 1 Theil entspricht 5 Theilen frischen Fleisches. In dieser Gestalt nehmen es Kranke gern, mischen einen Theelöffel davon in eine Tasse Bouillon, andre in Suppe oder streichen das Fleischpulver auf Weissbrod. In Bordeaux hat dieses Präparat sich in all den zahlreichen Fällen, in welchen gegenwärtig frisches Fleisch verordnet wird, der grössten Beliebtheit zu erfreuen. Für Kinder lässt Dannecy Biscuits mit bestimmtem Fleischgehalt backen und glaubt, dass diese am meisten dazu geeignet sind, heruntergekommen rhachitischen Kindern als ein werthvolles, gern genommenes Nahrungsmittel zu dienen.

*Südamerikanisches Verfahren nach Dr. Busch mittelst schwefliger Säure.* Nach Dr. Busch in Rio Janeiro soll sich auf nachstehende Weise frisches, knochenfreies Fleisch selbst in den Tropen und auf lang andauernden Seereisen in seiner Frische conserviren lassen: Frisches, knochenfreies Fleisch wird einige Minuten lang in kochendes Wasser eingetaucht, um den Eiweissstoff gerinnen zu lassen, worauf es im Luftzuge lufttrocken gemacht wird; hierauf wird das lufttrockene Fleisch in einem zweckmässig construirten Apparate vorsichtig den Dämpfen von schwefliger Säure ausgesetzt, so dass das Fleisch von diesem Gase durchdrungen wird; dann wird dasselbe mit einer Leimgallerte überzogen und für längere Seereisen zuletzt noch in schmelzenden Rindertalg eingetaucht, wodurch es sich mit einer Schicht Fett bedeckt, welches erstarrt die Oberfläche des Fleisches gegen das Eindringen der atmosphärischen Luft schützt und auf diese Weise vor dem Verderben bewahrt; das so präparirte Fleisch wird nun sorgfältig verpackt und erhält sich unverändert frisch.

*Verfahren F. J. Henley's.* Der englische Ingenieur F. J. Henley soll nachfolgendes Verfahren mit Erfolg auf der Estancia Naloa Alemania am La Plata eingeführt haben. Das Fleisch wird danach bis zu einem gewissen Grade ausgepresst, so jedoch dass die Faser erhalten bleibt, und dann getrocknet. Der ausgepresste Saft enthält etwa 15 pCt. alkoholischen Extractes und über 50 pCt. Eiweisssubstanz, er wird im luftleeren Raume eingedampft. Das ausgepresste Fleisch behält sein Aroma, da es bei sehr niedriger Temperatur getrocknet wird. Es kann dazu nur mageres, also nur weniger nahrhaftes Fleisch verwendet werden. Durch die Trocknung wird dasselbe nur unverdaulicher und verliert in einigen Monaten seinen Werth als Nahrungsmittel gänzlich.

*Tassajo oder Charqué.* Zu Buenos-Ayres, Mexico, Chili, Peru schneidet man das Fleisch gewöhnlich in sehr dünne, aber lange Striemen, welche mit Maismehl bestreut und dann auf der Sonne getrocknet werden. Dieses trockene Fleisch heisst dort tassajo oder charqué. Es bildet in den dortigen Gegenden einen nicht unbedeutenden Ausfuhrartikel und wird oft im untersten Schiffsraume lose eingestaut, ohne dass es einen Schaden erleiden möchte. Boussingault erzählt in seinen Reisewerken, dass er mit Leuten zusammengetroffen sei, welche nie ein lebendes Rind gesehen hatten und nur von tassajo sich nährten.

*Meat biscuit.* In Texas wird unter dem Namen meat biscuit ein Fleischpräparat für die See- und Landreise bereitet in der Art, dass man das Fleisch längere Zeit im Wasser kocht, dann das auf der Suppe schwimmende Fett gänzlich abschöpft, die fettlose Flüssigkeit zur Syrupdicke einkocht und mit Mehl zu einem Teige anmacht, welchen man wie Brod ausgähren lässt. Daraus hergestellte Stücke werden in gleicher Weise gebacken und verarbeitet, wie dies mit Schiffszwiebak geschieht. Man hat behauptet, dass diese Zwiebacke gleichzeitig das Brod und Fleisch ersetzen können, und dass 150 Gramm genügen, einen Mann für einen Tag mit Nahrungsmitteln genügend zu versorgen. Diese Annahme ist jedoch gänzlich falsch, denn das meat biscuit kann schon aus dem Grunde das Fleisch nicht ersetzen, weil in demselben nur jene Theile des Fleisches enthalten sind, welche sich im Wasser lösen.

*Fleischzwieback von Gail Bordes.* Nach Gail Bordes in Galveston wird das von den Knochen abgelöste Fleisch gehackt und so lange mit Wasser gekocht bis alle löslichen Theile ausgezogen sind. Nach Entfernung der rückständigen Fleischfasern und des Fettes wird die Brühe bis zum Syrup eingedampft. Dieser Syrup wird mit feinem Weizenmehl zu einem dicken Teig eingerührt, in Formen gebracht und schliesslich gebacken. Es resultirt so eine hellgelb gefärbte Masse, aus welcher man durch Hinzufügen von Salz und Pfeffer beim Kochen mit Wasser eine ausgezeichnete Suppe bereitet. Die Masse hält sich lange und ist ein ausgezeichnetes Nahrungsmittel, welches sich zum Verproviantiren von Armeen u. s. w. eignet.

*Fleischbrot von Siemens.* In Deutschland ist es Siemens in Hohenheim gelungen, nach eigenen Versuchen dieses Präparat sehr gut nachzubilden. Siemens giebt folgende Anleitung: Man kocht aus 6 Kl. gutem Rindfleisch $1^1/_2$ Liter Fleischbrühe auf gewöhnliche Weise, befreit sie von den rückständigen Fasern und von dem Fett, von letzterem nach dem Erkalten, dampft sie noch etwas ein und knetet sie mit sehr feinem Mehl noch warm zusammen. Aus diesem Teige, der ungefähr die Consistenz des Nudelteiges besitzt, formt man etwa 30 Centimeter lange und 2 Millimeter dicke Kuchen, welche man in einem nicht sehr heissen Backofen so lange dörrt, bis sie leicht zu zerbrechen sind. Auf diese Weise erhält man einen etwa 100 Gramm schweren Zwieback, der im Aeusseren dem ungesäuerten Brod der Juden (den Matzen) täuschend ähnlich ist. Das rückständige Fleisch kann man unter Zusatz von Knochen in einem Papinianischen Topfe bei einem Druck von 2 Atmosphären nochmals extrahiren, um durch Eindampfen der Brühe und Vermischen mit Mehl einen zweiten Zwieback von 35 Gramm zu erhalten.

Nach einem anderen Vorschlage werden dem Rindfleisch, gleich nach dem Schlachten des Thieres, durch Kochen mit Wasser alle seine nährenden Theile entzogen. Die erhaltene Brühe wird bis zur Consistenz des Theriaks eingedampft und diesem Rückstand wird soviel Mehl hinzugesetzt, dass hierdurch ein Teig gebildet wird, aus dem Zwiebacke geformt und diese in einem Ofen bei mässiger Wärme gebacken werden.

*Fleischbrod nach Dr. Braun.* Dr. Braun bereitete ein äusserst leichtes wohlschmeckendes Brod, das er vorzüglich zu Suppen empfiehlt, auf folgende Art: er kochte $1^1/_2$ Kl. zerstossene Rindsknochen 6 Stunden mit 6 Kl. Wasser, schäumte die Brühe ab, und nahm das Fett weg, kochte sie auf die Hälfte ein und machte mit der sülzenartigen Brühe einen Teig von 3 Theilen Roggen- und 1 Theil Gerstenmehl an. Am andern Morgen knetete er unter diesen die zurückbehaltenen 166,5 Gramm Fett und liess ihn backen.

*Fleischbrod nach Darcet.*
*Biscuit animalisé*
*Biscuit à la gelatine*
*Biscuit à la fibrine.*

Darcet liess Zwieback aus Weizenmehl und Knochengallerte machen. Auch schlug er vor, das Kartoffelmehl dadurch zur Brodbereitung ebenso tauglich zu machen, als das Weizenmehl. 264 Kl. in Dampf gekochte Kartoffeln, 12 Kl. Knochengallerte, 4 Kl. Zucker würden 100 Kl. Weizenmehl ersetzen. Zur Unternehmung gegen Algier liess die französische Regierung 400000 Zwiebacke mit Gallerte backen, in denen an thierischen Bestandtheilen ungefähr soviel war, als 64 Ochsen enthielten. Später fertigte man in Paris drei Sorten dieser biscuits animalisés, nämlich Fleischbrühzwiebacke (biscuits à la gelatine) und Faserzwiebacke (biscuits à la fibrine), wobei von Fleisch und Knochen nichts übrig bleibt als Erde und Fett. Man erhält von 100 Kl. Fleisch mit den Knochen 100 Liter Fleischbrühe, mit der man 400 Fleischbrühzwiebacke macht. Hierzu muss aber die Fleischbrühe so eingekocht werden, dass der Liter nur 200—210 Gramm wiegt. Es bleiben 8 Kl. Fett, 10 Kl. Knochen und 45 Kl. ausgekochtes Fleisch übrig. Die 10 Kl. Knochen geben 3 Kl. trockene Gallerte*), die für 300 Gallertzwiebacke hinreicht. — Die 45 Kl. ausgekochtes und durch eine hydraulische Presse ausgepresstes Fleisch geben getrockn[illegible] 12 Kl. Fleisch, das gestossen und im Verhältniss von 10 Gram[illegible] auf jeden Zwieback 1200 Faserzwiebacke liefert. Man erhäl[illegible] also von 100 Kl. Fleisch, 8 Kl. Fett, 400 Fleischbrüh-, 300 Gallert-, und 1200 Faserzwiebacke. Jeder dieser Zwiebacke enthält 10 Gramme trockene thierische Materie, 325 Gramme Mehl und 100 Gramme Wasser, und wiegt nach dem Backen 276 Gramm. Zwei bilden eine Ration eines Soldaten. Uebrigens macht die Gallerte den Teig nicht so bindend als der Kleber, und wo es der Preis erlaubt, thut man wohl, zugleich etwas Eiweiss mit ihr anzuwenden.

*Fleischbiscuits nach Callamand.*

Die von Callamand dargestellten Fleischbiscuits entsprechen jedenfalls schon mehr dem Zwecke, denn sie bestehen aus Mehl, gekochtem Fleisch und Hülsenfrüchten. 250 Gramme dieses Fleischbiscuits mit 2 Lit. Wasser und etwas Gemüsezusatz geben eine fette Suppe für

*) Man kann diese mittelst Salzsäure oder durch Kochen in Dampf aus den Knochen erhalten.

6 Personen, in welcher sich ausserdem noch gekochtes Fleisch vorfindet.

*Fleischzwiebackbereitung nach C. Thiel.* C. Thiel sagt, dass, so bedeutend die Haltbarkeit sowie der Gehalt an Fleischextractbestandtheilen in dem Fleischzwieback (meat biscuit) von Gail-Bordes sein mag, dennoch die Art seiner Bereitung erhebliche Nachtheile darbietet. Vor Allem werden die als Nährstoffe so wichtigen Eiweisverbindungen des Fleisches dabei ausgeschlossen, sie gehen verloren; ferner kann in Folge des Auskochens des Fleisches und des Eindampfens dieser Fleischzwieback nicht unerhebliche Mengen von Leimsubstanzen beigemengt erhalten. Im Gegensatze zu dem Bordes'schen Fleischzwieback enthält der von Callemand fabricirte die sämmtlichen löslichen wie unlöslichen Bestandtheile des Fleisches, welcher Umstand sicherlich selbst bei der sorgfältigsten Zubereitung seine Haltbarkeit beeinträchtigt, indem das Fleischfibrin leicht den Angriff der Insekten, Maden etc. herbeiführen kann. Diese Uebelstände der beiden bis jetzt gebräuchlichen Verfahren zur Bereitung von Fleischzwieback kann man nach C. Thiel vermeiden, und einen Zwieback herstellen, welcher frei von Leim, die sämmtlichen löslichen Bestandtheile des Fleisches enthält und in Bezug auf Haltbarkeit aller Wahrscheinlichkeit nach dem von Bordes fabrizirten nicht nachsteht. Man laugt nämlich das frische, fettfreie und feingehackte Fleisch mit kaltem Wasser möglichst vollständig aus, wie das J. v. Wahrscheinlichkeit einer Fleischbrühe für Kranke empfohlen hat, und benutzt diese Fleischflüssigkeit anstatt Wasser zum Anmachen eines Teiges aus Weizen- oder Roggenmehl, welcher dann nach sorgfältiger Bearbeitung zu runden Kuchen geformt, bei niedriger Temperatur des Backofens möglichst vollständig ausgebacken wird. Man erhält so ein Gebäck, welches, mit Wasser gekocht, eine sehr schmackhafte Suppe liefert und sicherlich auch noch in anderer Weise als Speise zubereitet werden kann. — Es bedarf wohl keines Nachweises durch Zahlen, dass der nach diesem gewiss leicht ausführbaren Verfahren bereitete Fleischzwieback einen hohen Nahrungswerth besitzt. Mit aller Wahrscheinlichkeit lässt sich annehmen, dass bei etwaiger Ausführung im Grossen das Auslaugen des Fleisches mit einer geringen Wassermenge bewerkstelligt und damit der Gehalt des Zwiebacks an löslichen Fleischbestandtheilen erhöht werden kann. Ebenso muss durch vollständigeres Ausbacken der Wassergehalt auch erheblich vermindert werden. In Betreff der Haltbarkeit dieses

Zwiebacks liegen zwar keine genügenden Erfahrungen vor, aber man kann wohl mit Sicherheit annnehmen, dass derselbe bei sorgfältiger Zubereitung dem Bordes'schen an Haltbarkeit nicht nachstehen wird, da die Fleischbestandtheile höchst gleichmässig durch die Masse vertheilt und nicht so leicht dem Angriff der Insekten ausgesetzt sind, als dies bei dem Zwieback, welcher Fleischfibrin enthält, befürchtet werden muss. Bei Verwendung von frischem Fleisch, bei dessen Auslaugen in grösserem Maassstabe wohl der Zusatz von schwefliger Säure zur Verhütung des Fäulnissprocesses empfehlenswerth ist, bei rascher Ausführung des Auslaugens, Teigmachens, sowie vollständigem Ausbacken wird wohl nicht leicht eine den Geschmack des fertigen Zwiebacks benachtheiligende Zersetzung eintreten können. Gegen diesen Vorschlag kann jedoch der Einwurf gemacht werden, dass man keine zuverlässigen Anhaltspunkte zur Beurtheilung der Güte oder der reellen Beschaffenheit des Fleischzwiebacks besitze und dadurch dem Betrug Thür und Thor geöffnet werde. Die Concurrenz, die Intelligenz der Consumenten, wie Wissenschaft und Praxis werden aber hierin, wie schon in zahlreichen Fällen, Rath zu schaffen wissen.

*Zwieback Dolgoronky.* Der vom Fürsten Michael Dolgoronky erfundene und jetzt nach mehrjähriger versuchsweiser Anwendung definitiv zur Verproviantirung in die russische Armee eingeführte „Zwieback Dolgoronky“ besteht aus gleichen Theilen Roggenmehl, Rindfleisch und Sauerkraut, letztere beide zu Mehl verarbeitet, das Ganze mit Wasser zu einem Teig gemengt, geformt und dann getrocknet. Diese Zwiebacke können roh genossen werden und geben in Wasser gekocht eine nahr- und schmackhafte Suppe. Das eigenthümliche dieses Zwiebackes, der Zusatz von Sauerkraut, macht den Genuss desselben der Gesundheit zuträglicher, da die salzigen Theile die Magenwände reizen, dessen Säure jeder Fäulniss entgegen wirkt. —

*Fleischextract.* Es ist ein unzweifelhaftes Verdienst Justus von Liebig, dass er es durch die von ihm empfohlene Bereitung des Fleischextractes ermöglicht hat aus dem Fleische von hunderttausenden von Rindern, das in verschiedenen Gegenden der Erde in seiner natürlichen Form keinen nennenswerthen Preis hat, ein werthvolles, versendbares Präparat und ein Genussmittel zu bereiten, welches alle jene wichtigen Salze des Fleisches neben einigen löslichen organischen Bestandtheilen enthält und als Zusatz zu Speisen, welche wie die Erbsen, Linsen, Bohnen etc. als Suppen oder Gemüse zubereitet, reich an Pflanzeneiweiss sind, eine vollständigere Ausnützung und eine normal gesteigerte Blut- und Gewebebildung ermöglichen.

*Unterscheidung zwischen Nahrung, Nahrungsmittel, Nahrungsstoff und Genussmittel.*

Voit in München unterscheidet zwischen Nahrung, Nahrungsmittel, Nahrungsstoff und Genussmittel folgendermaassen: Nahrungsstoff heisst er jede chemische Verbindung, welche irgend einen der wesentlichen stofflichen Bestandtheile unseres Körpers (Eiweiss, Fett, Salze etc.) zu ersetzen vermag. Reines Eiweiss, reiner Faserstoff, Fett, reine Stärke, Zucker, Kochsalz, phosphorsaures Kali, phosphorsaurer Kalk u. s. w. sind Nahrungsstoffe.

Ein Nahrungsmittel ist ein natürliches Gemenge aus mehreren Nahrungsstoffen, so ist z. B. Brod ein aus Eiweisskörpern, Stärke, Salzen und Wasser bestehendes Nahrungsmittel, aber noch keine Nahrung für uns; ausschliesslich von Brod kann der Mensch nicht leben; Milch ist auch ein Gemenge von mehreren Nahrungsstoffen, für Neugeborene sogar eine Nahrung, aber für Erwachsene nur mehr ein Nahrungsmittel und nebenbei ein Genussmittel. — Genussmittel sind Stoffe, welche nicht nothwendig Material zum Aufbauen des Körpers abgeben, aber doch sowohl für die Processe der Ernährung, als auch für andere Funktionen wesentliche Dienste leisten. Nahrung endlich ist immer erst die Summe aller Nahrungsstoffe in den Nahrungsmitteln, sammt Genussmitteln, welche alle zusammen nothwendig sind, um einen Körper auf einem gewissen Normalstande zu erhalten. Das Fleischextract enthält weder Eiweiss, noch Leim, noch Fettbildner, es gehört, abgesehen von seinem hohen Gehalte an Nährsalzen, vorwiegend zu den Genussmitteln; es ist daher auch keine Nahrung, aber ein Genussmittel hervorragender Art. Für die Ernährung könnte ein Gemenge aus reinem Eiweiss, Fett, Stärke und Salzen genügen, aber wir wären mit dieser geschmacklosen Mischung nicht zufrieden, unseren Speisen sind schmeckende Substanzen, die keine Nahrungsstoffe sind, beigemischt. Kein Mensch entzieht sich also den Genussmitteln dieser Art. Das Geschmacklose oder Schlechtschmeckende kann uns geradezu schaden, indem es theils Ekel und Brecherregungen hervorrufen, theils Verdauungsstörungen erzeugen kann. Es wirken also die Genussmittel wesentlich auf das Nervensystem. Letzteres aber spielt bei den Vorgängen der Verdauung, sowie der Aufnahme der verdauten Körper in das Blut und ihrer Umwandlung in Körperbestandtheile eine wichtige Rolle. In bedeutsamer Weise wirken die Genussmittel auch auf die Schleimhaut des Magens direkt ein, indem sie direkt die Absonderung der Verdauungssäfte hervorzurufen im Stande sind, sie bereiten also den Magen zur Verdauung der Speisen vor, und unter den die letztere Aufgabe erfüllenden Genussmitteln steht eine warme kräftige Fleischbrühe oben an. In entsprechender Weise wirken andere Genussmittel auf andere Nerventhätigkeiten ein. Wie viele z. B. verzichten auf ein Stück Brod oder Fleisch, um sich eine Tasse Kaffee oder Thee, eine Cigarre oder ein Glas Bier oder Wein zu sichern, wenn ihnen die Wahl gelassen wird, obwohl ein Stück Brod oder Fleisch zum Fett- oder Eiweissersatz am Körper beiträgt, die genannten Genussmittel aber nicht. Die Genussmittel helfen also unserem Körper über manche Schwierigkeit hinweg, sie sind zu vergleichen mit der Anwendung der richtigen Schmiere bei Bewegungsmaschinen, welche zwar nicht die Dampfkraft ersetzen oder entbehrlich machen kann, aber dieser zu einer viel leichteren und regelmässigeren Wirksamkeit verhilft und ausserdem der Abnutzung der Maschine wesentlich vorbeugt. Um letzteres thun zu können, ist bei der Wahl der Schmiermittel die Bedingung unerlässlich, dass sie die Maschinentheile nicht angreifen, d. h. für sie nicht schädlich seien. Die letztere Bedingung muss auch an unsere Genussmittel gestellt werden, und diese erfüllt das Fleischextract in hohem Grade, weil es aus Substanzen besteht, die natürliche Bestandtheile unseres Körpers sind.

*Zusammensetzung des Fleischextractes.* Das Fleischextract des Handels besteht aus 20 pCt. Wasser, 22 pCt. Aschenbestandtheilen oder Salzen und 58 pCt. organischen Bestandtheilen, sogenannten Extractivstoffen. Die Letzteren sind ein Gemenge organischer Bestandtheile des Muskelfleisches und enthalten unter Anderm Kreatin, Sarkin, Carnin und Fleischmilchsäure; namentlich von Bedeutung erscheinen die Salze des Fleischextractes, die als Nährsalze bezeichnet werden können. Dass man die Fleischsuppe nicht anders darstellen kann, als mit Hülfe von Fleisch oder Fleischextract, ist klar, weil die chemische Zusammensetzung, weder der organischen noch unorganischen Stoffe, je mit derselben Genauigkeit wird gemacht werden können, wie sie uns selbst das Fleisch bietet. Wenn also zugegeben werden muss, dass das Fleischextract kein Nahrungsmittel im engeren Sinne des Wortes sei, so ist auch entschieden dagegen anzukämpfen, dass es nachtheilig, dass es ein Gift sei. Mag es allerdings gelungen sein, Thiere, denen man ausserordentlich grosse Mengen Fleischextract beigebracht hatte, zu tödten, so wird man aus dieser Erfahrung nur das erblicken, was man von anderen Genussmitteln, ja von Nahrungsmitteln überhaupt weiss, dass nämlich Uebermaass schaden kann. Reisenden, welche wochenlang auf sehr sparsame Nahrung, zum Theil sogar ausschliesslich auf vegetabilische Nahrung angewiesen waren, hat das Fleischextract ausserordentliche Dienste geleistet, sowohl solchen, die in Afrika tropischer Hitze, als auch solchen, die in Nord-Grönland der grössten Kälte ausgesetzt waren. Dennoch wird man zugeben müssen, dass das Fleischextract nie und nimmer das Fleisch und die Fleischnahrung ersetzen könne. Aber das kann und wird ja auch Niemand von ihm verlangen; das verlangt ja Niemand von der Fleischbrühe. Was man aber von Letzterer als Genussmittel verlangt, das liefert auch das Fleischextract. — Dass es heutzutage möglich ist, überall mit Fleischextract, etwas Salz und heissem Wasser in wenigen Minuten eine schmackhafte, wohlthätige Fleischbrühe darzustellen, das ist und bleibt ein unsterbliches Verdienst des grossen Justus von Liebig. Derselbe lehrte uns in wenigen Minuten die stärkste und aromatischste Fleischbrühe zu bereiten, indem man zu einer

*Fleischbrühbereitung nach J. v. Liebig.*

Portion derselben 250 Gramm mageres Fleisch von einem frisch geschlachteten Thiere (Rind- oder Hühnerfleisch) fein hackt, es mit 560 Gramm destillirtem Wasser, dem man 4 Tropfen reine Salzsäure und 1 Gramm Kochsalz zugesetzt hat, mischt und gut durcheinander rührt. Nach einer Stunde wird das Ganze auf ein kegelförmiges Haarsieb, wie man es in allen Küchen hat, geworfen, und die Flüssigkeit ohne Anwendung von Druck oder Pressung abgeseiht. Den zuerst ablaufenden trüben Theil giesst man zurück, bis die Flüssigkeit ganz klar abfliesst. Auf den Fleischrückstand im Siebe schüttet man in kleinen Portionen 250 Gramm destillirtes Wasser nach. Man erhält in dieser Weise etwa 500 Gramm Flüssigkeit (kalten Fleischextract) von rother Farbe und angenehmen Fleischbrühgeschmack. Man kann sie jedoch nur k a l t geniessen. Sie darf nicht erhitzt werden, denn sie trübt sich in der Wärme und setzt ein dickes Gerinnsel von Fleischalbumin und Blutroth ab. — Ein anderes ebenfalls von Liebig angegebenes Verfahren besteht darin, das feingehackte, magere Fleisch mit seinem gleichen Gewichte kalten Wassers gleichförmig zu mischen, langsam damit bis zum Sieden zu erhitzen und nach minutenlangem Aufwallen auszupressen. Versetzt man die Flüssigkeit mit etwas Kochsalz und den anderen Zuthaten, womit man die Fleischbrühe gewöhnlich würzt, und färbt sie mit braungebratenen Zwiebeln oder gebräuntem Zucker etwas dunkler, so erhält man auf diese Weise die beste

Fleischbrühe, welche sich aus einer gegebenen Menge Fleisch überhaupt bereiten lässt. Der Einfluss, den das Gefärbtsein der Brühe in Folge der Vorstellungen, die sich an die Farbe knüpfen, auf den Geschmack übte, liess sich bei dieser Gelegenheit am besten darthun; die mit etwas gebranntem Zucker gefärbte Fleischbrühe wurde nämlich von allen Personen, die sie kosteten, für weit stärker gehalten, als die ungefärbte, wenn auch beide Sorten eine ganz gleiche Zusammensetzung hatten. Lässt man das Fleisch mit Wasser längere Zeit kochen, so nimmt sie bei einiger Concentration von selbst eine bräunliche Farbe und einen feinen Bratengeschmack an. Dampft man sie im Wasserbade oder wo möglich in einer noch niedrigeren Temperatur zur Trockne ein, so erhält man eine dunkelbraune, weiche Masse, von welcher 16 Gramm hinreichen, um 500 Gramm Wasser, dem man etwas Kochsalz zusetzt, in eine starke und wohlschmeckende Fleischbrühe zu verwandeln. Dieser Fleischextract lässt sich mit den sogenannten Suppen- oder Bouillontafeln nicht vergleichen, denn diese letzteren sind nicht aus Fleisch gemacht und bestehen aus mehr oder weniger reinem Leim, der sich von dem Knochenleim nur durch seinen hohen Preis unterscheidet. Das Verdienst, die erste Vorschrift zu einem leimfreien Fleischextract gegeben und dasselbe als diätetisches Mittel angewendet zu haben, gehört einem Dr. v. Breslau, weiland Leibarzt und Professor in München, der wahrscheinlich angeregt durch J. v. Liebig's klassische Untersuchung „über die Flüssigkeiten des Fleisches“ (Annal. d. Chem. u. Pharm. 1848 Bd. 62 p. 257) nach Dr. A. Buchner sen. bereits im Jahre 1849 ein Fleischextract (Extractum carnis) in der Münchener Hofapotheke anfertigen liess. Er liess mageres Rindfleisch vom Fette befreien, fein zerkleinern, mit wenig lauem Wasser auslaugen, auspressen, den Pressrückstand nochmals auslaugen, die Fleischflüssigkeit durch Erhitzen auf 70° C. vom Eiweiss befreien und den abgeschäumten Fleischsaft im Dampfbad zum Extract abdampfen.

*Fleischextract nach Dr. von Breslau.*

*Darstellung des Fleischextactes in grossem Maassstabe.*

Die Darstellung des Fleischextractes in grossem Maassstabe wurde auf J. v. Liebig's Veranlassung in Fray-Bentos vorgenommen. In dieser Stadt concentrirte sich früher der ganze Handel mit Häuten, Knochen etc., während das Fleisch der geschlachteten Thiere fast gar keinen Werth hatte. Das Vieh dort ist überhaupt nur Weide- und Grasvieh, es hat ein sehr zartes gutes Fleisch, aber sehr wenig Talg. Die Schlachtzeit selbst dauert in der Regel nur vier Monate im Jahre, so dass 300 bis 500 Stück Ochsen an einem Tag geschlachtet werden. Als grösste Schlächterei ist eine in Buenos-Ayres bekannt; diese verarbeitet täglich etwa 500 Stück Ochsen. In einer eigenthümlichen Art werden diese Thiere getödtet. Die Ochsen werden in schmale Gassen hintereinander getrieben, der vorderste Ochse tritt auf die Plattform eines Wagens, der Kopf desselben wird an einem Riegel festgebunden und der Wagen, in Bewegung gesetzt, gleitet auf einer geneigten Ebene hinab. Am Ende dieser geneigten Ebene befindet sich ein starker eiserner Balken, an welchem sich der Ochse selbst den Schädel zerschmettert. Er taumelt, fällt zur Seite und wird sofort gestochen, so dass das Blut ausfliessen kann. Nun geht der Wagen wieder hinauf, um einen anderen Ochsen zu holen. Abstechen und Abhäuten geht so rasch, dass jede 7 Minuten ca. ein Thier ins Schlachthaus gefördert wird. Das Blut, durchschnittlich 12,5 Kl. von jedem Thier, fliesst augenblicklich fort. Die Häute, Hörner, Hufe werden in den Handel gebracht, das Blut in besonderen Abdampfapparaten bei einer Temperatur unter 60° C. bis zum Trocknen eingedampft. Solcher Art eingetrocknetes Blut nimmt mit warmem Wasser versetzt die Eigenschaften des frischen Blutes wieder an und kann zur Klärung in Zuckerfabriken dienen.

Auch dient es als Düngemittel. Das Talg der Thiere wird ausgeschmolzen; auf Speisetalg wird jedoch keine Rücksicht genommen. Das zur Fabrikation des Fleischextractes bestimmte Fleisch wird von den Knochen befreit und kommt in Fleischschneidemaschinen, welche den bekannten Wursthackmaschinen ähnlich, aber in einem viel grösseren Maassstabe ausgeführt sind. Das Fleisch kommt in einen grossen Trichter und wird durch eine Reihe von Messern geschraubt. Dann kommt das zerkleinerte Fleisch in eine sogenannte Digerirpfanne, wo es mit Wasser ausgelaugt wird. Diese wird durch einen doppelten Boden geheizt, der mit Dampf erfüllt ist. Ein Hahn lässt die Flüssigkeit nach unten auslaufen. Darin wird das Fleisch mit einem gleichen Gewichte Wasser angesetzt und ganz langsam erwärmt, so dass es nach vier Stunden die Temperatur von 70° C. angenommen hat. Dann wird die Flüssigkeit in einen anderen Apparat ausgeschöpft, den sogenannten Fettabscheider. Die Rückstände werden herausgenommen, auf einer Centrifuge vom Safte befreit, gepresst, getrocknet, gedörrt. Der Fettabscheider ist ein grosses Gefäss eigenthümlicher Art mit einem engen Hals, um den sich ein wasserdicht schliessender Ring befindet, und hat zur Seite eine communicirende Röhre um zu sehen, wie hoch das Fett darin steht, die ebenfalls zum Nachgiessen von Fleischbrühe oder reinem Wasser dient. Beim Erkalten begeben sich die Fetttheile nach oben. Dann giesst man reines Wasser in den Trichter, das Fett geht über die horizontale Oberfläche ab, so dass die Flüssigkeit ganz von Fett befreit wird. Von hier gelangt die Bouillon in ein Filter und wird da vollständig von allen Fleischfasern befreit. Es kommt nun darauf an, die dünne Fleischbrühe schnell zu concentriren, weil sie so dünn leicht in Fäulniss übergeht. Versuche haben dargethan, dass sich die Bouillon nicht für die Bearbeitung in der Vacuumpfanne eigne, weil sie zu leicht überschäumt, also die Verluste zu gross werden. Es hat ferner die Untersuchung dargethan, dass alles Zinn, Kupfer, Messing an diesen Pfannen zu vermeiden war, um keine schädliche Beimischung in den Extract zu bringen. Die ursprünglich für die Fabrik bei Fray-Bentos bestimmte Pfanne war aus Gussstahlblech, 1,5 Meter lang und 0,90 Meter breit im Lichten, mit einem doppelten Boden. Die Heizung erfolgt durch den dampfgefüllten Doppelboden und durch eine Dampfschlange, die in der Flüssigkeit liegt. Aus schmiedeeisernen Röhren hergestellt ist diese an einer ausserhalb des Pfannenbordes gelagerten Welle schwingbar angeordnet und dadurch zweierlei ermöglicht. Erstens kann die Dampfschlange während des Abdampfens mittelst Kurbel auf- und abbewegt, also Wechsel in der Flüssigkeit erzeugt werden, und zweitens kann sie zum Zwecke intensiver Reinigung aus der Pfanne hoch gehoben werden. Die Flüssigkeit wird durch Hähne aus den Abdampfpfannen abgezapft und kommt schliesslich in das Concentrationsgefäss, welches aus Porcellan oder Steingut, mit doppeltem Boden und Rührspateln versehen, ist, worin die ganze Masse bis zur gehörigen Concentration eingedickt wird. Das Extract wird ganz ohne Zusatz von Salz fabricirt; der Salzgehalt des Fleisches reicht aus es gegen jede Fäulniss in der gewöhnlichen Temperatur zu conserviren. —

*Eigenschaften des Fleischextractes.* Das amerikanische Extract von Fray-Bentos ist von brauner Farbe, zäher, salbenartiger Consistenz, besitzt einen kräftigen Bratengeruch; im Wasser löst es sich fast klar, nach einigem Stehen setzen sich wenige Flocken und etwas Sand zu Boden; die Lösung reagirt sauer. In Folge des verschiedenen Alters, verschiedener Ernährungsweise der dazu verwendeten Thiere ist das Extract nicht immer von gleicher Beschaffenheit und Zusammensetzung. Nach Liebig darf der Wassergehalt des Extractes schwanken zwischen 16 bis 21 pCt., der Aschengehalt zwischen 18 bis 22 pCt., der Gehalt an in 80 pCt. Weingeist löslichem Extract muss 56 bis 66 pCt. betragen. Das Liebig'sche Fleischextract ist von Eiweiss frei, es soll ferner weder Leim noch Kochsalz enthalten. Fett darf in keinem Fleischextract zugegen sein, wenn dasselbe sich längere Zeit unverändert halten soll. Liebig giebt an, dass das nach seiner Vorschrift bereitete Extract wohl eine leimähnliche, sehr stickstoffreiche Substanz sei, aber keinen wirklichen Leim, d. h. keinen gelatinirenden, beim Verkohlen unangenehm nach Leim riechenden Stoff enthalte.

*Fleischextract nach Dr. Horn und Töl.* Dr. W. Horn und F. Töl haben sich die Darstellung eines Extractes zur Aufgabe gemacht, welches den Eiweissgehalt des Fleisches in löslicher Form enthält. Nach Angabe von Horn werden 500 Gramm fettfreies, fein zerhacktes Muskelfleisch mit der gleichen Menge kalten Wassers übergossen, 8 Tropfen verdünnte Salzsäure zugesetzt und unter Rühren eine Stunde lang stehen gelassen; man presst die Flüssigkeit ab und macerirt den Rückstand nochmals mit der Hälfte kalten Wassers. Zu den vereinigten abgepressten Flüssigkeiten wird noch soviel verdünnte Salzsäure hinzugesetzt, bis sich eine Probe beim Erhitzen bis zum Kochen nicht mehr trübt. Durchschnittlich bedarf es hierzu auf 500 Gramm des verwendeten Fleisches 12 Tropfen verdünnte Salzsäure. Der angesäuerte kalte Fleischauszug wird in Porcellanschalen im Dampfbade zuerst bei 70° C., wenn derselbe concentrirter wird bei 40° C. eingedunstet. Sobald die Flüssigkeit bis zur Hälfte verdunstet ist, wird Kochsalz zugesetzt, etwa 1 pCt. des in Arbeit genommenen Fleisches, und soweit eingedunstet, dass der Rückstand nach dem Erkalten die dünnere Extractconsistenz besitzt, frischem Honig ähnlich fliesst. Das Horn'sche Fleischextract ist von chocoladenbrauner Farbe, schwach säuerlich salzigem Geschmack, in heissem Wasser sich trübe lösend; beim Verdampfen soll es 48 pCt. trockenes Extract hinterlassen, es ist in gut verschliessbaren Gefässen von Glas aufzubewahren. —

*Fleischextract nach Leube'e Methode.* Leube zerhackt 1 Kl. fettfreies Rindfleisch ganz fein und giebt es mit 1 Kl. Wasser und und 20 Gramm reiner Salzsäure in einen Thon- oder Porcellantopf. Dieser wird dann in einem Papin'schen Topfe 10 bis 15 Stunden während der ersten Zeit unter zeitweiligem Umrühren gekocht. Dann nimmt man die Masse aus dem Topfe, zerreibt sie in einem Mörser bis sie emulsionsartig aussieht. Hierauf wird sie noch 15 bis 20 Stunden lang gekocht, ohne dass der Deckel des Papin'schen Topfes gelüftet wird. Dann bis fast zur Neutralisation mit kohlensaurem Natron versetzt, endlich bis zur Breiconsistenz eingedampft und in fünf Portionen à 250 Gramm Fleisch in Büchsen vertheilt. Leube hat dieses Extract von ausgezeichnetem Erfolge gefunden bei den verschiedensten Magenkrankheiten und überall, wo die Darmschleimhaut vor stärkeren Reizen bewahrt werden muss, namentlich hat er dasselbe Typhus-Reconvalescenten vielfach mit Nutzen verabreicht. Er giebt es entweder rein oder in Fleischbrühe und mit etwas Liebig'schem Fleischextract versetzt.

*Verwendung der bei der Fabrikation von Fleischextract bleibenden Rückstände zur Brodbereitung.*

Eine grosse Errungenschaft der landwirthschaftlichen Thierzüchtung verspricht der bei der Fabrikation von Fleischextract bleibende Rückstand zu werden, welcher seither theils verbrannt, theils in den Fluss geworfen wurde, in neuerer Zeit auch als Stickstoffdünger untergeordnete Verwendung fand. Auf Veranlassung J. v. Liebig's sind diese Rückstände ihres enormen Nährstoffgehaltes wegen, nach Zusatz der fehlenden Salze als Futtermittel zur Verwendung gebracht worden. Vielleicht kann man die erwähnten Rückstände auch als Nahrung für Menschen verwenden, indem man sie dem zur Brodbereitung bestimmten Mehle hinzufügt.

Aug. Vogel hat zwei Versuche in dieser Richtung anstellen lassen; bei dem ersten derselben wurde dem zum Backen bestimmten Roggenmehl $^1/_8$, bei dem zweiten $^1/_4$ seines Gewichtes an Fleischextract-Rückstände beigemengt. In beiden Fällen wurde durch diesen Zusatz keine bemerkbare Veränderung in der Plasticität und Entwickelungsfähigkeit des Teiges hervorgebracht, und die auf solche Weise erhaltenen Brode unterscheiden sich dem Ansehen und dem Geschmacke nach nicht von dem aus demselben Roggenmehl ohne Zusatz von Fleischmehl gebackenen Brode. Selbstverständlich wurde durch diese Beimengung der Stickstoffgehalt des Brodes wesentlich vermehrt, da die Fleischextract-Rückstände 12 pCt. Stickstoff, d. i. über 75 pCt. Albuminate enthalten. Dieser Gegenstand ist umso wichtiger, da in Aussicht steht, dass man die Fleischextract-Rückstände fernerhin in grösster Menge durch den Handel wird beziehen können. Den Fleischextract-Rückständen dürfte Vogel's Ansicht nach auch eine technische Anwendung vorbehalten sein, nämlich zur Darstellung einer sehr aschenarmen thierischen Kohle. Die Fleischextract-Rückstände lassen nämlich, wenn sie auf mechanischem Wege möglichst vom beigemengtem Sande befreit sind, beim Verbrennen nur ungefähr 2 pCt. Asche zurück und hinterlassen bei gelindem Glühen in halbverschlossenen Tiegeln 22 bis 24 pCt. einer porösen glänzenden Kohle von bedeutendem Entfärbungsvermögen.

*Bereitung von Kraftbouillon (Kraftsuppe).*

Für Zwecke der Krankenpflege, sowie wo man das Fleischextract nicht zur Hand hat, ist man genöthigt sich starker Fleischabkochungen (Suppen) zu bedienen, wie auch noch vielfach Bouillontafeln Anklang finden. Zur Bereitung von Kraftbouillon giebt Dr. Becker folgendes Recept: 500 Gramm mageres Fleisch (Rindfleisch) werden von Fett und Knochen gereinigt, klein gehackt, mit 500 Gramm kalten Wassers angesetzt und langsam in's Kochen gebracht. Nachdem es einige Minuten gekocht hat, seiht man die Flüssigkeit durch ein Tuch und erhält so eine höchst kräftige Fleischbrühe, die in vielen Krankheiten, namentlich bei Schwächezuständen höchst wirksam ist.

*Conservirung von Suppen etc. mittelst Luftfiltration.*

Es ist nur zu bekannt, wie schnell Fleischbrühe ihre Güte verliert, und dass sie zumal im Sommer in sehr kurzer Zeit ekelhaft und schlecht wird. Bewahrt man jedoch Fleischbrühe in einer Flasche, deren leeren Hals man nur mässig fest mit einem Stöpsel von Baumwolle verstopft — was leicht und bequem auszuführen —, so erhält sie sich in ihrer Güte und ihren angenehmen Eigenschaften Monate lang, jedenfalls länger, als sie in den verschiedenen Fällen eines Hauswesens zuweilen Bedürfniss werden mag.

Schon im Jahre 1854 haben Schröder und v. Dusch bewiesen, dass die atmosphärische Luft ihre Fähigkeit, in gewissen Substanzen Gährung oder Fäulniss hervorzurufen, völlig verliert, wenn man sie, ohne sie zu erhitzen, durch ein mit Baumwolle locker gefülltes Glasrohr leitet, doch muss man die Baumwolle einige Zeit vorher im Wasserbade erwärmen. In neuester Zeit ist Schröder nun zu dem bestimmten Resultate gelangt, dass die merkwürdige Wirkung der Baumwolle nur darauf beruht, dass durch dieselbe die in der Luft befindlichen microscopischen Keime, welche allein die Schimmelbildung, die Bildung der Weinhefe, des Milchsäurefermentes, des Fermentes der Zersetzung des Harns etc. hervorzurufen vermögen, zurückgehalten werden. Gekochte vegetabilische oder animalische Substanzen, heiss mit Baumwolle verschlossen, bleiben unter derselben gegen jede Art Gährung, Fäulniss oder Schimmelbildung völlig geschützt, wenn alle entwickelungsfähigen Keime in denselben durch das Kochen getödtet worden sind; denn diejenigen Keime, welche von der Luft zugeführt werden könnten, werden durch die Baumwolle aus derselben abfiltrirt.

*Praktisches Verfahren der Luftfiltration.* Am bequemsten erreicht man das auch in der Praxis durch Filtration. Man umbindet die Oeffnung des Gefässes, statt sie mit irgend einem Deckel fest zu schliessen, mit einer Lage Baumwolle, die zwischen zwei Leinwandstückchen sich befindet. Beim Kochen im Wasserbade entweicht zuerst die Luft: heisse Dämpfe erfüllen das Gefäss und durchdringen die Baumwolle. Die Luft, welche beim nachherigen Erkalten zurücktritt, lässt zwischen den Fasern der Baumwolle alle festen Bestandtheile, darunter die Fermentkeime, zurück. Dem Verderbniss des Eingemachten ist dadurch vorgebeugt. Selbstverständlich muss man bei dieser Methode die grösste Aufmerksamkeit darauf richten, dass die Erhitzung der Gefässe, die nicht ganz von siedendem Wasser umgeben sein können, hinreichend lange stattfinde, so dass insbesondere auch die etwa der Baumwolle anhaftenden Keime getödtet werden. Nach dem Erkalten ist es gerathen, den Verschluss noch mit Pergamentpapier zu sichern, damit einmal die Gemüse nicht zu sehr durch Verdunstung austrocknen und damit andrerseits etwaige Angriffe von Insekten abgewehrt werden. Diese Verfahrungsweise ist bis jetzt nur wenig angewandt, verdient aber ihrer grossen Bequemlichkeit wegen Beachtung. Die Keime der meisten vegetabilischen und animalischen Organismen werden durch blosses Aufkochen der Substanzen, in denen sie vorkommen, schon völlig getödtet. Zur Tödtung aller von der Luft zugeführten Keime reicht kurzes Aufkochen bei 100° C. ebenfalls hin. Milch, Eigelb und Fleisch enthalten Keime, welche durch kurzes Aufkochen bei 100° C. in der Regel nicht völlig vernichtet sind; Kochen bei höherer Temperatur, z. B. bei 2 atmosphär. Druck im Digestor, oder sehr langes, fortgesetztes Kochen bei 100° C. reicht immer hin, auch diese Keime gänzlich zu zerstören. Diese Keime der Milch etc. sind, auch wenn sie einer nicht allzulangen, fortgesetzten Kochhitze bei 100° C. ausgesetzt waren, noch fähig, sich als das specifische Fäulnissferment und nicht selten (z. B. im Eigelb) in der Form langer, aber träger Vibrionen zu entwickeln. In seiner Arbeit über die Bakterien bringt F. Cohn einige Bemerkungen über die Conservirung von vegetabilischen Nahrungsmitteln und sagt, dass in Lübeck in mehreren Fabriken alle Gemüse durch Kochen in

Blechbüchsen bei einer Temperatur von 100° C. haltbar gemacht würden, ohne dass jemals in einer dieser Dosen je eine Zersetzung eintrete. Davon ausgenommen seien die Erbsen, welche, bei 100° C. eingekocht, Erscheinungen von Buttersäuregährung zeigten und deshalb in einer Kochsalzlösung von 28 pCt., also bei 108° C. eingekocht werden müssen. Diese Erscheinung wurde jedoch schon vor dem Jahre 1850 Dumas und Favre bekannt, welche fanden, dass das beste Mittel, Erbsen zu conserviren, darin bestehe, das Kochen derselben und das Verschliessen der Gefässe bei 8 bis 10° C. über dem normalen Siedepunkte des Wassers vorzunehmen.

*Vorschriften zur Darstellung von Bouillontafeln.*

Was die Darstellung der Bouillontafeln anbelangt, so giebt es dazu sehr viele Vorschriften, von denen wir hier einige folgen lassen:

I. Entfettetes Ochsenfleisch 6 Kl., Kalbsfüsse 6 Stück, Carotten, Rüben, Lauch und Sellerie von jedem 1 Bündchen, gebratene Zwiebeln und Nelken von jedem 6 Stück, arabischen Gummi 600 Gramm.

1. Das Fleisch zerschnitten, in einem Marmormörser mit der nöthigen Menge Wasser angerieben und ausgedrückt, dieses bis zur Erschöpfung des Fleisches wiederholt, endlich der Rückstand ausgepresst. Die vereinten Flüssigkeiten abgekocht, colirt und dann im Wasserbade bis zu $\frac{1}{2}$ Liter eingekocht.

2. Die Gemüse und Kalbsfüsse werden zerschnitten und nebst den Zwiebeln und Nelken mit Flusswasser über mässigem Feuer in einem bedeckten Topfe gekocht, nach dem Erkalten das Dekokt colirt, mit dem zu Schaum geschlagenen Eiweiss von 2 Eiern geklärt und endlich die Colatur im Wasserbade verdampft.

3. Während dieser Operation lässt man das arabische Gummi in seinem gleichen Gewichte Wasser auflösen, coliren und diese Auflösung zu der Bouillon von den Kalbsfüssen geben; das Ganze wieder verdunsten, endlich das halbe Liter des Fleischdekoktes aus No. 1 hinzufügen und wenn das Ganze die geeignete Consistenz erhalten hat, dasselbe in die Formen ausgiessen und bei gelinder Wärme trocknen. Jede Tafel von 15 Gramm in 21 Gramm heissem Wasser gelöst, unter Zusatz von 1 Gramm Kochsalz, giebt eine gute Tasse Bouillon.

II. Man kocht das Fleisch in einem verdeckten Topfe mit soviel Wasser, dass es über dem Fleische steht, etwa 8 bis 12 Stunden, wobei man gut abschäumt und bisweilen umrührt.

Die so erhaltene Brühe giesst man durch ein Haarsieb, schöpft das darüber stehende Fett ab und lässt sie erkalten. Man erhält auf diese Weise eine Gallerte, die man 2 Stunden hindurch in einer verzinnten Kasserolle kocht, welche man in einen Kessel mit Wasser gesetzt hat (Wasserbad), unter dem man das Feuer anzündet, so dass also die Bouillon nicht unmittelbar auf dem Feuer, auf welchem sie anbrennen würde, eingedickt wird. Man verhütet dabei sorgfältig, dass Wasser aus dem Kessel in die Kasserole komme, taucht die auf der Bouillon entstehende Haut vorsichtig unter die Brühe, giesst die recht dick eingekochte Gallerte in eine flache Porcellanschale, schneidet sie nach dem Erkalten in beliebige Formen und lässt sie bei nicht zu grosser Wärme völlig austrocknen. Auf einen Suppenteller voll kochenden Wassers rechnet man 8 Gramm fester Bouillon, setzt Suppenkräuter und Gewürze nach Belieben hinzu, und lässt, nachdem die Tafel zergangen ist, die Flüssigkeit nur einmal aufwallen.

III. In einen verzinnten Kessel bringt man 5,5 bis 8 Kl. saftiges, nicht fettes Rindfleisch, 4 Kl. Kalbfleisch, einiges Geflügel, 2 Kalbsfüsse, 1 Kl. mageren Schinken, übergiesst mit hinreichender Menge Wasser, setzt Salz, einige Zwiebeln, einige Petersilienwurzeln, etwas Sellerie, einige Möhren und einige Lorbeerblätter hinzu und lässt sechs Stunden lang kochen, schäumt gut ab und giesst die Brühe durch ein Haarsieb, bringt sie in einen Topf und lässt erkalten; nimmt alles Fett ab und lässt wieder so lange kochen, bis sie einem aufgeweichten Leim ähnlich ist. Hiernach bringt man sie in Formen, worin sie bei scharfem Luftzuge erkaltet, nimmt sie dann heraus und bewahrt sie auf. Zum Gebrauche bringt man ein Täfelchen in kochendes Wasser und erhält so die beste Bouillon.

*Bereitung der Bouillon aus Knochen.*

IV. Bereitung der Bouillon aus Knochen in kleinen Haushaltungen. Man zerstampft die Knochen mittelst eines Stampfers oder Hammers in Stücke von 70 bis 80 Millimeter oder in noch kleinere. Zum Kochen gebraucht man einen gewöhnlichen, gut verzinnten Kupferkessel mit einem gut schliessenden Deckel, der durch ein Loch den Dünsten Abzug gestattet, oder einen Papinschen Topf. In diesem setzt man die Knochen mit dem sechsfachen Gewichte Wasser an und kocht sie, am besten über einem starken Kohlenfeuer, weil zu grosse Hitze eine nachtheilige Veränderung der Gallerte zur Folge haben würde. Von Zeit zu Zeit hebt man den Deckel ab, rührt die Knochen etwas um und sieht nach, ob sich Fett auf der Oberfläche zeigt, welches abgeschöpft und

Fig. 3.

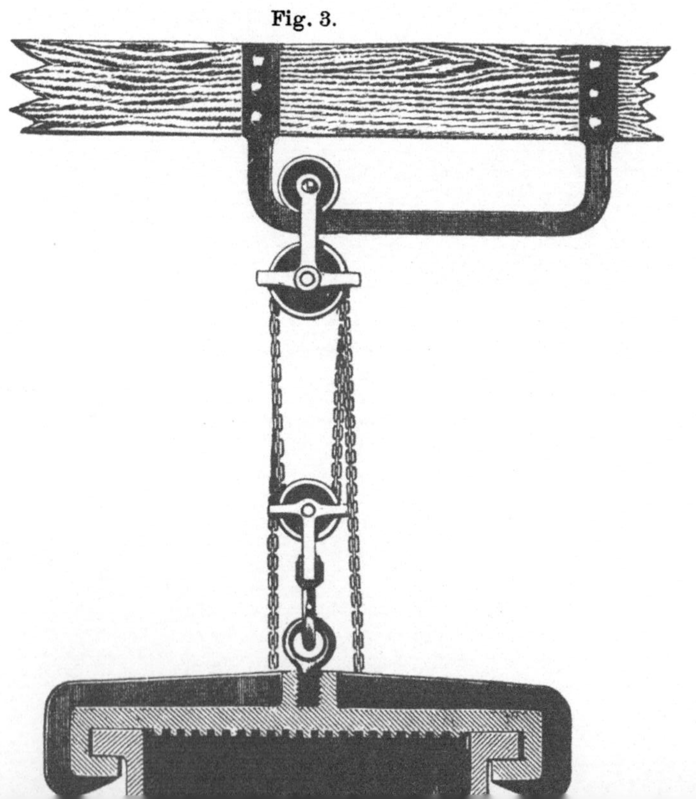

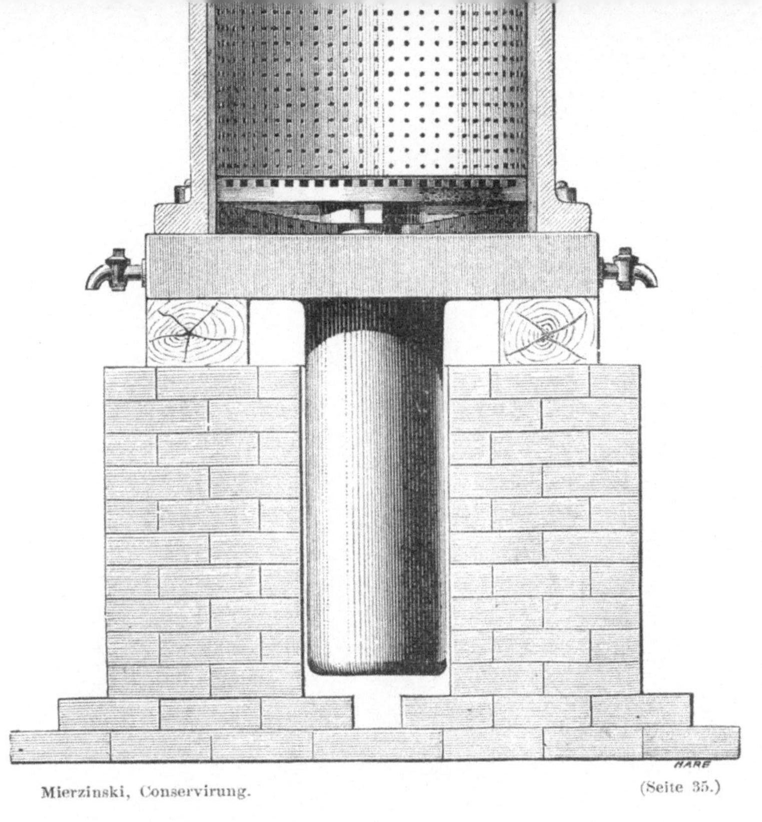


Mierzinski, Conservirung.

(Seite 35.)

entweder zu anderem Gebrauche verwendet, oder später wieder der Bouillon zugesetzt wird. Nach dreistündigem Kochen endlich werden die Knochen aus dem Kessel herausgenommen und in einen Korb gebracht, in welchem man sie vollends ablaufen lässt. Die so gewonnene Flüssigkeit wird mit der in dem Kessel zurückgebliebenen nun vollends soweit eingekocht, dass sie nach dem Erkalten ein Gelée bildet, welches nun zur Bereitung von Suppen und als Zuthat zu Brühen verwendet wird. Diese Knochen-Gallerte kann, wie sich von selbst versteht, durch Zusatz von verschiednen Gewürzen, oder indem man Wurzelwerk u. dgl. m. damit kochen lässt, nach Belieben schmackhafter gemacht werden. Die einmal gebrauchten Knochen wirft man nicht weg, sondern behandelt sie noch einigemal auf dieselbe Weise, wodurch man leicht dieselbe Gallerte erhalten kann.

V. Nach einem andren Vorschlage werden die frischen Knochen in 20 bis 25 Millimeter lange Stücke geklärt, in einen irdenen Topf gethan, und dieser mit Wasser soweit gefüllt, dass es über die Knochen steht. Hierauf wird der Topf mit einer irdenen Stürze bedeckt, gut verklebt und in einen Backofen gestellt, wenn die Brode herausgenommen worden sind. Nach 4 Stunden wird die fettige Masse abgegossen, die Knochen werden mit Wasser übergossen und noch 6 Stunden in den Ofen gestellt. Hierauf kann man dies noch zum drittenmale nach 8 Stunden wiederholen, und man erhält dann von $1^1/_2$ Kl. rohen Knochen 20 Kl. nahrhafte Bouillon.

*Comprimirte Gemüse.* Hat man grössere Mengen Pflanzen (Gemüse) aufzubewahren, so ist es vortheilhafter, dieselben, nachdem sie getrocknet worden sind, stark zusammen zu pressen. In diesem Zustande kann weder die Feuchtigkeit, noch die Luft in das Innere eines solchen Presskuchens eindringen, und sind diese Atmosphärilien nur auf die Aussenseite beschränkt. Bekanntlich wird in dieser Weise der Hopfen behufs längeren Aufbewahrens behandelt. *Aufbewahrung des Hopfens.* Die hierzu construirte Presse (Fig. 3) von Tangye besteht aus einem Cylinder, welcher auf einen starken Boden festgeschraubt wird und der am oberen Rande eine starke Flantsche hat; über welche sich der umgebogene Rand des Deckels herumlegt. So bildet der Deckel dann ein mit dem Cylinderkörper fest verbundenes Ganze. Im Cylinder ist der Presstisch angelegt, der sich durch Heraufdruck des Presskolbens nach oben bewegt und den aufgelegten Hopfen gegen den Deckel drückt. Die ausgepresste Flüssigkeit fliesst durch die Bohrungen des Cylinders und des Presstisches ab. Der Druck geschieht mittelst hydraulischer Pressen. Hülsenfrüchte und Gemüse in dieser Art behandelt und einige Zeit in warmes Wasser gelegt, nehmen ihre ursprüngliche Form an und liefern bei nachfolgendem Kochen ein schmackhaftes Essen.

Wie bekannt, sind es die Feuchtigkeit der Luft und die in letzterer suspendirten Pilzkeime und Sporen u. dgl. m., welche die nachtheilige Veränderung der thierischen und pflanzlichen Stoffe einleiten und weiter verbreiten. Es ist also einleuchtend, dass man Nahrungsmittel fast unbegränzte Zeit aufbewahren könnte, sobald man sie der Einwirkung der atmosphärischen Luft entzogen hätte. Und so ist es auch in der That, und wird die Abschliessungsmethode in verschiedener Weise ausgeübt.

*Conservirungsmethode mittest Gasen.* Die erste Methode besteht darin, den zu conservirenden Körper in einer Atmosphäre von Sauerstoffgas oder Wasserstoffgas oder Stickstoffgas u. dgl. m. aufzubewahren; doch wird diese Methode selten oder fast nie angewendet, weil deren praktischer Ausführung grosse Schwierigkeiten sich entgegenstellen.

*Conservirung in Kohlenoxydgas nach Gamgee.* Gamgee hat eine neue Methode der Conservirung des Fleisches ermittelt, die sich darauf gründet, dem der Luft ausgesetzten Fleische die Möglichkeit zu benehmen, in Gährung überzugehen, und zwar durch Einführung von Gasen in die Blutgefässe. Der Process ist folgender: Dem zu schlachtenden Vieh wird eine Kapuze über den Kopf gezogen, die mittelst eines Schlauches mit einem Behälter in Verbindung steht, der Kohlenoxydgas enthält. Der Hahn wird aufgedreht, das Thier athmet einige Secunden lang das Gas ein, wird dadurch bewusstlos und in diesem Zustande geschlachtet, gehäutet und zertheilt. Das Blut hat durch den Einfluss des Gases eine viel hellere Farbe als bei Thieren, die unter gewöhnlichen Umständen geschlachtet werden. Die zerlegten Thiere werden alsdann in trockene Cementkasten gelegt, die luftdicht abgeschlossen werden können. In jedem dieser Kasten befindet sich eine verschlossene Büchse mit Holzkohlen, die mit schwefliger Säure imprägnirt sind. Nachdem der Deckel luftdicht verschlossen und zugeschraubt, wird ein Ventilator in Bewegung gesetzt, um die atmosphärische Luft zu entfernen, welch' letztere, durch ein Rohr in einen mit Holzkohlen geheitzten Ofen geleitet, den Sauerstoff derselben dort verbrannt und das Produkt der Verbrennung, Kohlenoxydgas, wieder nach den Fleischkasten getrieben wird, nachdem es zuvor in einem besonderen, hierzu construirten Schlangenapparat vollkommen abgekühlt wurde, so dass eine vollkommene Circulation stattfindet und der in dem Kasten und dem Fleische befindliche Sauerstoff vollkommen verzehrt wird. Nachdem der Ventilator lange genug in Thätigkeit, wird mittelst Drähten, die in einer Stopfbüchse durch den Deckel der Kasten gehen, die innen befindliche Kohlenbüchse geöffnet und die schweflige Säure auf das Fleisch einwirken gelassen. Die hierzu nöthige Zeitdauer richtet sich nach der Dicke der Fleischstücke, bei ganzen Schaafkörpern eine Woche, bei Ochsenvierteln 10 bis 12 Tage, nach welcher Zeit das Fleisch zur Versendung und beliebiger Aufbewahrung geeignet ist. — Die Präservirung wird also hauptsächlich erzielt durch das allmälige Eindringen der schwefligen Säure in die ganze Masse des Fleisches durch Diffusion von aussen nach innen, ohne dass ein Theil des Fleisches mit starker Auflösung in Berührung kommt, da die Säure von den Kohlen nur allmälig abgegeben wird und letztere das Fleisch für längere Zeit vollkommen umschliesst, weil die atmosphärische Luft vorher entfernt. Das Kohlenoxydgas hat ebenfalls die Eigenschaft, organische Körper vor Fäulniss zu bewahren, andrerseits dient es in diesem Falle dazu, durch das Eindringen in die Blutgefässe dem Fleische, das durch die schweflige Säure gebleicht wurde, die rothe Farbe zu erhalten, so dass auf diese Weise präservirtes Fleisch nach vielen Monaten nach der Zubereitung, Kochen und Braten, dasselbe Aussehen hat, als das von einem frisch geschlachteten Stück Vieh. — Dass die hierbei in Anwendung gebrachten, an und für sich giftigen Gase keinerlei schädlichen Einfluss beim Genusse solchen Fleisches haben, hat vielfache Erfahrung gründlich nachgewiesen, und werden dieselben durch die Wärme beim Zubereiten des Fleisches verdunstet und vollkommen beseitigt. Auf diese Weise präservirtes Fleisch wurde von England nach Amerika und von dort wieder zurückgebracht, ohne dass es im Geringsten gelitten hatte. Bei voraussichtlicher jahrelanger Aufbewahrung in geschlossenen Räumen wird das Fleisch in Blechkisten so verpackt, dass die Stücke nicht in unmittelbare Berührung mit einander kommen, und zwar dadurch, dass die Zwischenräume mit Haferhülsen ausgefüllt werden, die Luft wird dann herausgepumpt, Kohlenoxydgas eingeführt und der Deckel zugelöthet.

E. Pelouze will Fleisch conserviren, indem er dasselbe unter Druck ebenfalls mit Kohlenoxydgas behandelt und dann in einem Strome trockener Luft trocknet.

*Conservirung in schwefliger Säure nach Kauffmann.*

Nach einer Mittheilung des Commerzienrath Kauffmann hat in Ermangelung von Eiskellern zum Conserviren von Fleisch sich folgendes Verfahren gut bewährt: Von einer Tonne wird der Deckel abgenommen, jedoch so, dass er wieder luftdicht aufgesetzt werden kann; auf den Boden der Tonne wird eine Schale mit Schwefelstücken, welche entzündet werden, aufgestellt und alsdann der Deckel, an dessen Innenseite das Fleisch aufgehängt ist, aufgesetzt. Das Verfahren muss von Zeit zu Zeit wiederholt werden. Auf diese Weise behandeltes Fleisch hat sich im Sommer noch nach $1^1/_2$ Wochen frisch und unverdorben gezeigt, auch nicht im Geringsten, wie befürchtet werden könnte, den Geruch oder Geschmack der schwefligen Säure angenommen*).

*Robert's Conservirungsmethode mittelst schwefliger Säure.*

Robert hat ein leicht ausführbares, wohlfeiles und sicheres Verfahren ermittelt, um die Substanzen thierischen und pflanzlichen Ursprungs gegen jede Veränderung zu schützen, wobei sie ihre anfängliche Gestalt, ihr äusseres Ansehen und ihren eigenthümlichen Charakter mit allen ihren wesentlichen Eigenschaften behalten. Man verfährt folgendermaassen:

1. Hinsichtlich des Fleisches ist zu beachten, dass dasselbe nicht von solchen Thieren genommen werden darf, bei welchen das Lufteinblasen in die Brusthöhle zur Tödtung benutzt wurde. Man befreit das Fleisch vom Blut und den wässrigen Theilen, worauf man es einem natürlichen oder einem mittelst eines Ventilators erzeugten künstlichen Luftstrome so lange aussetzen lässt, bis es die überschüssige natürliche Feuchtigkeit verloren hat.

---

*) Vorstehendes Verfahren, wenn auch nichts weniger als neu, verdient doch seiner leichten Ausführbarkeit wegen allgemeiner zur Verwendung zu gelangen. Der Erste, welcher auf gleiche Weise Fleisch zu conserviren rieth und dies ausführlich beschrieb, ist wahrscheinlig E. Lennigs gewesen, dessen Schrift: „Neue Art, das Fleisch zum Genuss auf langen Seereisen und in geschlossenen Festungen, ohne solches zu salzen, frisch zu erhalten, auch solches also zu dörren“ (Mainz 1819) mit folgenden Worten beginnt: „Durch mehre Versuche, welche ich im Jahre 1817 in einer Temperatur von 12 bis 24° R. anstellte, erhielt ich die Gewissheit, dass sich Fleisch durch Schwefeldampf, auch in einer durch verbrannten Weingeist hergestellten leichteren Luft, in hermetisch fest verschlossenen Gefässen sehr lange Zeit frisch erhalten lasse u. s. w.“ Auf diese Weise hatte er Fleisch 2 Wochen lang frisch erhalten, ohne das Schwefeln zu wiederholen, und obgleich das durch Schwefeldampf conservirte Fleisch aussen ein schwärzliches Aussehen annahm, fand sich dasselbe nach dem Kochen doch von demselben Aussehen und Geschmack, wie anderes frisches und gekochtes Fleich.

Die ganzen Glieder oder die grossen Stücke eignen sich für dieses Verfahren besser, als die Theile von geringem Gewicht.

2. Nachdem das Fleisch an der Luft gehörig ausgetrocknet worden ist, muss man es mittelst eines Strickes in einem Behälter so aufhängen, dass die einzelnen Stücke sich nirgends berühren und dieselben der Luft von allen Seiten zugänglich sind; als Behälter dient ein Kasten, Fass, eine Kammer mit Bretterwänden oder ein gewöhnliches Zimmer, dessen Wände innen mit Brettern oder geleimtem Papier verkleidet worden sind. Dieser Raum muss hermetisch geschlossen sein und darf keine Spalten oder Oeffnungen haben, durch welche die äussere Luft eindringen könnte. Die Thüren müssen mit Streifen von Filz oder Kautschuck gefüttert sein und einen vollkommenen und festen Verschluss bewirken. Am oberen Theile dieses Behälters wird ein Bleirohr mit einem bleiernen Hahn angebracht, durch welches die Luft austreten kann; am unteren Theil befindet sich eine ähnliche Vorrichtung. Nachdem die zu conservirenden Substanzen im Behälter aufgehängt worden sind, leitet man in den unteren Theil desselben einen Strom schwefliger Säure, welcher entweder blos durch Verbrennen von Schwefelfäden erzeugt, oder in den Behälter mittelst eines Blasebalges getrieben wird, dessen Wind durch ein geschlossenes Gefäss zieht, worin fortwährend Schwefel verbrennt. Wenn der obere Hahn offen ist, entweicht die atmosphärische Luft aus dem Apparat in dem Maasse, als schwefligsaures Gas einzieht, und sobald letzteres ebenfalls reichlich entweicht, schliesst man den Apparat, damit es nicht zu Verlust geht. — Die Substanzen müssen in dem mit schwefligsaurem Gas erfüllten Raum um so länger verbleiben, je beträchtlicher ihr Volumen ist. Stücke von 2 bis 3 Kl. Gewicht erfordern nur 10 Minuten, während die grossen Stücke von beiläufig 100 Kl. Gewicht 20 bis 25 Minuten im Apparat verbleiben müssen. Man nimmt dann die Substanzen heraus, um sie an freier Luft trocknen zu lassen, wodurch sie etwas fester werden. In diesem Zustande können die Substanzen die letzte Zubereitung erhalten, welche darin besteht, sie mit einer Firnissschicht zu überziehen, um sie gegen den Einfluss der Luft zu schützen. Dieser Ueberzug wird als eine ausserordentlich dünne Schicht allenthalben mittelst eines Pinsels aufgestrichen, mit besonderer Sorgfalt aber auf diejenigen Theile, welche durchschnitten worden sind, oder Höhlungen darbieten. Der Ueberzug oder Firniss besteht aus 1 Kl. thierischem Albumin, wie es im Handel vorkommt, welches man bei gelinder Wärme in 1 Liter

eines starken Absudes von Eibischwurzeln, die mit ein wenig Rohrzuckermelasse versetzt worden ist, auflöst. So dargestellt, hat der Ueberzug die Consistenz einer gewöhnlichen Oelfarbe und lässt sich mittelst eines Pinsels mit grosser Leichtigkeit auftragen. Er trocknet an freier Luft rasch aus und hinterlässt gar keinen unangenehmen Geruch und Geschmack. — Sobald der Ueberzug vollkommen trocken ist, können die Substanzen in's Magazin gebracht und versendet werden. — Im Magazin hängt man sie, mit oder ohne Umhüllung auf, oder verschliesst sie in Kästen oder Fässern. Nach einer mehr oder weniger langen Zeit, je nachdem das Verfahren mehr oder weniger sorgfältig ausgeführt worden ist, kann das so behandelte Fleisch zu allen Zwecken der Kochkunst verwendet werden; es erweist sich ganz frisch und gut.

Dieselbe Behandlung ist mit gleichem Erfolg auf das Wildpret, das Geflügel mit oder ohne Federn, die Fische, Früchte, Gemüse und alle Vegetabilien anwendbar.

*Conservirung in Kohlenpulver.* Fleisch hält sich geraume Zeit frisch, selbst im hohen Sommer, wenn man es in Kohlenpulver umherwälzt und dicht bestreut, in einen Topf thut, welchen man vorher über den Dampf von gelinden Kohlen gestürzt hat, diesen fest verbindet (wo möglich mit nasser Blase) und in den Keller stellt. Beim Gebrauche hat man nur die Kohlen zu entfernen und das Fleisch abzuwaschen. Auch schon schwach riechendes, sogenanntes angestochenes Fleisch kann man damit reinigen und ihm allen fremden Geschmack benehmen. Geflügel rupfe man, weide es aus, fülle den Bauch mit Kohlenpulver, dann hänge man es an einem kühlen Orte auf.

Die Aufbewahrung und Erhaltung von eingemachten und anderen Früchten und Vegetabilien ist in bisher üblichen Weisen nicht ohne besondere Schwierigkeiten durchzuführen, und kann bei aller Vorsicht, auch bei der Berührung der Früchte mit Zucker, nicht auf die Länge der Zeit ausgedehnt werden, ohne eine Zersetzung der Letzteren herbeizuführen. Professor Artus hat, um diesem Uebelstande zu begegen, gröblich gepulverte Holzkohle vorgeschlagen. Er bedeckte Früchte oder andere Vegetabilien, welche sie auch sein mochten, und auf welche Weise sie auch eingemacht waren, mit Wachspapier, über welches er eine gut ausgewässerte Blase legte, so gross als die Mündung des Gefässes, und auf dieselbe eine 25 bis 40 Millimeter hohe Schicht frisch geglühtes, erkaltetes Holzkohlenpulver, das er stets nach einer Frist von etwa 4 bis

5 Wochen mit einer Schicht neu geglühter Holzkohle vertauschte. Auf diese Weise gelang es ihm Früchte anderthalb Jahre lang unversehrt mit dem ihnen eigenthümlichen Geschmacke zu erhalten. Prof. Artus bemerkt, dass Holzkohlenpulver selbst dann noch mit Vortheil angewendet werden könne, wenn Früchte bereits einer angehenden Zersetzung unterlägen, sie verlieren dadurch ihren Modergeruch und erhalten einen angenehmen Geschmack.

*Conservirung durch Anwendung von fetten Stoffen.* Sehr lange Zeit lässt sich ferner Fleisch im frischen, geniessbaren Zustande erhalten, wenn dasselbe mit Oel, Fett, Talg u. dgl. m. bedeckt wird. In dieser Weise wird das Fleisch selbst von Australien nach England gebracht. Hierher ist auch das Conserviren der Sardinen, durch Einlegen derselben in Oel, zu rechnen.

*Conservirung durch Abschluss der Luft, unter Wasser.* Nach Dr. Mac Sweeny soll man eine geringe Menge Eisenfeilspähne, die von allem Staub wohl gereinigt sein müssen, nehmen, darauf reines, abgekochtes Wasser giessen, und in dieses Wasser das frische Fleisch oder das grüne Gemüse legen, so dass es vom Wasser ganz bedeckt wird. Um den Zutritt der Luft völlig zu verhüten, giesst man eine dünne Schicht Oel darüber. Das Fleisch, welches auf diese Art aufbewahrt worden war, ward nach Verlauf von sieben Wochen herausgenommen, in Farbe und Geruch vollkommen dem eben geschlachteten gleich befunden, lieferte eine ganz untadelhafte Brühe und hatte seinen natürlichen Wohlgeschmack. Will man das aufbewahrte Fleisch aus dem Wasser herausnehmen, so darf man das Gefäss nur ein wenig neigen, wo das Oel leicht bis auf den letzten Tropfen abfliessen wird.

Um Fleisch im Sommer frisch zu erhalten, legen die Japanesen es in eine Porcellanterrine, begiessen es zunächst mit sehr heissem Wasser, so dass das Fleisch davon bedeckt ist und giessen dann auf das Wasser Oel. Auf diese Weise wird die Luft vollkommen abgehalten und das Fleisch bleibt gut. Das Gerinnen des Eiweisses auf der Oberfläche des Fleisches durch das heisse Wasser scheint dabei ebenfalls mitzuwirken.

*Conservirung d. Fleisches in Form von Wurst.* Die Conservirung des feingehackten Fleisches und Fettes in Form von Wurst gründet sich auf Abschliessung der Luft; durch das stramme Füllen des Darmes und Schliessen der beiden Enden derselben ist der Zutritt der Luft verschlossen, und der Inhalt bleibt längere Zeit geniessbar.

In den Apotheken werden die frisch ausgepressten Pflanzensäfte mit einer Fettschicht oder Oelschicht bedeckt, damit sie sich halten möchten. Im Jahre 1826 fand man beim Ausgraben von Pompeji einige Gefässe mit Oliven, welche in Oel eingelegt waren, in geniessbarem Zustande, wenn auch das Oel bereits gänzlich in Fettsäure sich verwandelt hatte.

*Conservirung d. Fleisches unter Milch.*

Am Lande wird sehr oft das Fleisch unter saurer Milch aufbewahrt. Es hält sich nicht nur sehr gut, sondern lässt sich auch leichter gar kochen oder braten, und besitzt dann einen angenehmen Geschmack.

*Conserviren des Fleisches mittelst einer aus Caseïn und Ammoniak bestehenden Lösung.*

J. Denne und A. Hentschel tauchen das Fleisch in eine Lösung von Caseïn, Ammoniak und Wasser, unter Zusatz von Salz und Salpeter, oder Salpeter, Salz und Zucker und hängen es zum Trocknen auf. Wenn es trocken ist, wird es noch einmal in eine schwache Lösung von Essigsäure oder Alaun eingetaucht. Der Caseïnlösung wird Glycerin zugefügt, welches bewirkt, dass sich über dem Fleisch eine Haut bildet, welche die Luft abhält. Die Haut kann verstärkt werden, wenn man nach dem Trocknen das Fleisch noch durch Tanninlösung nimmt.

*Präserviren der Eier.*

Obwohl man das Eierlegen der Hühner auch im Winter befördern kann, so ist doch der Bedarf in diesen Monaten ein grösserer und lässt sich nicht immer durch frische Eier decken, weshalb man sich Eier aufbewahrt. Da, wie bekannt, die Eierschale nicht vollkommen luftdicht das Ei umschliesst, die Luft, resp. die in derselben vertheilten Keime, einen Theil der pflanzlichen und thierischen Materien verändert, so folgt daraus, dass, will man einen animalischen oder vegetabilischen Körper für längere Zeit im frischen, unzersetzten Zustande aufbewahren, derselbe dem Einflusse der atmosphärischen Luft entzogen werden muss. Darauf gründen sich nun alle Aufbewahrungsmethoden (Conservirungsmethoden) der Eier.

Réaumur und Nollet haben, um die Luft abzuhalten, die Eier mit einem fetten Gemisch, zusammengesetzt aus Talg, Oel, frischem Schweinefett, entweder mit oder ohne Zusatz von Wachs, bestrichen.

Sacc empfiehlt, die zu conservirenden Eier mit Paraffin zu überziehen; 1 Kl. Paraffin soll für 3000 Eier genügen. Erforderlich ist die Verwendung von frischen und gesunden Eiern, da sonst die bereits begonnene Zersetzung trotz des Paraffinüberzuges fortschreiten würde.

Das empfohlene Bestreichen mit einer Schellacklösung können wir nach selbst gemachten Versuchen nicht anrathen; die Poren der Eierschale werden wohl zugeklebt, doch geht ein Theil des Alkohols in das Ei und die Eier werden übelriechend.

Vielfach bedient man sich einer ziemlich dicken und zähen Lösung von arabischem Gummi oder Gelatine, wie auch Darcet zuerst das sehr wirksame aber zu vorliegendem Zwecke etwas theuere Collodium anwendet. — Vom Standpunkte der Wohlfeilheit sind es nur fette Stoffe, welche empfohlen werden können, sie sind es, die einen Zutritt der Luft, wie auch die langsame Verdunstung des im Innern des Eies befindlichen Wassers verhindern.

Allenfalls wäre die Behandlung der Eier mit Wasserglas vorzuziehen. Man nimmt eine nicht zu concentrirte Wasserglaslösung, erwärmt sie bis etwa 30° C. und legt dann die zu conservirenden Eier hinein, welche, da sie auf der Flüssigkeit schwimmen, öfters untergetaucht werden müssen. Nach 10 Minuten sind sie fertig präparirt und nun lässt man sie auf einem hölzernen Rost abtrocknen. Auf solche Weise bekommen die Eier einen glänzenden, luftdichten Ueberzug und lassen sich Jahre lang aufbewahren, entweder in Spreu eingelegt oder auf mit durchlöcherten Brettern versehenen Gestellen an luftigem, trockenem Orte.

Cormier bestreicht die Eier zuerst mit einem Lack, dessen Zusammensetzung jedoch nicht genau bekannt ist und verpackt dieselben, immer etwa 500 Stück in einer Kiste, zwischen ganz feine und trockene Sägespähne derart, dass die Eier, mit der Spitze nach unten, die nebenbefindlichen nicht berühren. Auch ohne Firniss lassen sich Eier in dieser Art drei bis vier Monate frisch erhalten. Statt Sägespähne kann auch sehr feine Asche, Sand, Kleie, Gyps oder feines Holzkohlenpulver verwendet werden, nur muss dafür Sorge getragen werden, dass die Eier vollkommen von dem Vehikel, in welches sie eingesetzt sind, bedeckt bleiben, dass das Gefäss nicht zu lange offen bleibt, weshalb es angezeigt ist, nicht zu grosse Kisten oder Fässer anzuwenden; besser mehrere kleinere, die 100, 200 oder höchstens 300 Stück enthalten. Es ist deshalb das Verfahren Vavin's, täglich die mit Eiern gefüllten Kisten so umzudrehen, dass die obere Seite zu unterst komme, ein ganz eigenthümliches, das uns nicht recht klar einleuchten will.

Artus empfiehlt gebrannten Gyps anzuwenden. Derselbe wird mit Wasser zu einem dünnen Brei angerührt, in welchen jedes einzelne Ei eingetaucht wird; auf diese Weise bildet sich ein Ueberzug, der schnell erhärtet. Ist derselbe erhärtet und erscheint nun trocken, so werden die Eier in ein Gefäss gebracht, so dass zunächst der Boden des Gefässes mit den so vorgerichteten Eiern bedeckt wird, worauf dieselben mit Sand bedeckt werden, dann wird wieder eine Schicht Eier gelegt, abermals mit Sand bedeckt und so fortgefahren, bis das Gefäss angefüllt ist, worauf dasselbe in einem trockenen Keller zum Gebrauche aufbewahrt wird.

Man würde aber noch zu einem besseren Resultate gelangen, wenn man die Eier einzeln vor dem Einlegen in feines Papier, sogenanntes Seidenpapier, einwickeln und sodann zwischen feinen Haferstrohhäckerling oder trockenen feinen Sand einlegen würde.

An den Seeküsten werden die Eier gewöhnlich zwischen, mit Seewasser befeuchtete, Asche aufbewahrt.

Cadet de Vaux hat vorgeschlagen, die Eier beiläufig 20 Secunden lang in siedendes Wasser einzutauchen, um dadurch einen Ueberzug von geronnenem Eiweiss im Innern des Eies zu erhalten, und hierauf zwischen feiner Asche aufzubewahren. Dieses Verfahren wird auch in Schottland vielfach angewendet, besitzt aber den Uebelstand, dass das Eiweiss mitunter gerinnt und hart wird.

Das bis jetzt vielfach angewendete Verfahren besteht darin, die Eier im Wasser aufzubewahren, welches $^1/_{10}$ Kalk gelöst enthält. Man bedient sich am besten dazu der sogenannten Buttertöpfe und hat nur Sorge dafür zu tragen, dass die Eier stets unter der Flüssigkeit sich befinden. — Leider! nehmen die so aufbewahrten Eier einen eigenthümlichen Beigeschmack an, die sie zum Verspeisen, weich oder hart gekocht, nicht sehr empfiehlt. Dagegen sind sie als Beisatz zu anderen Speisen brauchbar. Wirft man diese Eier in's kochende Wasser so springen die Eierschalen sehr oft früher, als jene der frischen, nicht eingelegten Eier.

Nach einer Mittheilung Itier's werden die Eier in China in eine gesättigte Kochsalzlösung gebracht und darin so lange gelassen, bis sie untersinken, wonach man sie herausnimmt, trocknet und zur weiteren Aufbewahrung in Kisten legt. Diese Eier sind gerade genug gesalzen, um gesotten verspeist werden zu können.

Marsh löst in je ein Liter Wasser 62,0 Gramm Aetzkalk, 20,0 Gramm Kochsalz, 0,4 Gramm Soda, 0,22 Gramm Salpeter,

0,26 Gramm Weinstein, 0,7 Gramm Borax. Diese Flüssigkeit wird in ein Fass gebracht und soviel Aetzkalk eingestreut, bis der Boden des Gefässes damit bedeckt ist, dann wird eine Schicht Eier eingesetzt und mit Kalk bestreut u. s. w. bis das Gefäss mit Eiern gefüllt ist, wobei die Flüssigkeit noch etwa 25 Millimeter hoch über Letztere zu stehen hat, zuletzt wird das Gefäss mit Tuch bedeckt, auf welches etwas Kalk aufgestreut wird.

*Eierconserven.* Chambord mischt sowohl das Eiweiss wie das Eigelb gleichmässig zusammen, bedeckt damit Porcellanteller 2 Millimeter hoch und trocknet es in warmer, trockener Luft, doch so, dass das Eiweiss nicht gerinnt. Nach etwa 24 Stunden erhält man eine trockene Masse, die man zu feinem Pulver reibt und nochmals sehr langsam nachtrocknet. Das Pulver hält sich sehr gut, selbst an der Luft. Jedes Kilogramm Eierpulver entspricht, wenn es mit 2 Kl. Wasser geschlagen wird, 100 Stück Eiern.

*Bereitung von Eierconserven.* Bei dieser Methode handelt es sich darum, den Inhalt des Eies vollkommen zu entwässern, d. h. durch Abdampfen bei einer Temperatur, welche 62° C. nicht übersteigen darf — weil sonst das Eiweiss gerinnt — einzutrocknen und den Rückstand in luftdicht verschlossenen Gläsern aufzubewahren. Zu diesem Behufe ist es nothwendig, sich zwei Blechgefässe anzuschaffen; das kleinere wird durch Spangen in dem grösseren schwebend erhalten, in letzteres ein Thermometer gestellt und sodann mit Wasser gefüllt. Sodann wird das kleinere Gefäss mit dem Inhalte der aufgeschlagenen Eier vollgegossen und das Ganze auf ein gelindes Feuer gestellt. Sobald nun das Wasser heiss wird, beginnt auch der Verdampfungsprocess, welcher erst dann als vollkommen beendet betrachtet werden kann, wenn aus diesem kleinen Gefässe kein Dunst mehr aufsteigt. Durch öftere Beobachtung des Thermometerstandes hat man es in seiner vollen Gewalt, einer Gerinnung der Conserve dadurch vorzubeugen, dass man entweder etwas kaltes Wasser in das grössere Gefäss giesst, oder die Gefässe zeitweilig vom Feuer rückt. Schliesslich wird der eingetrocknete Inhalt ausgestürzt, in Flaschen mit weitem Halse eingepresst, diese dann gut verkorkt und der Pfropf vorsichtshalber ausserdem entweder in heisses Erdwachs getaucht oder mit einer Blase verbunden. Bei dem Gebrauche darf die Conserve nur mit lauem Wasser angerührt werden, um dann sofort an Stelle der frischen Eier Dienste zu thun. Nach dieser Methode kann nicht nur der

Gesammtinhalt der Eier, sondern auch das Eiweiss und der Dotter separat, jedes für sich auf unbeschränkte Dauer conservirt werden. Das Eiweiss allein erhärtet dabei zu einer harten, gummiähnlichen Masse, während die Dotter im eingetrockneten Zustande eine mürbe leicht zerreibliche Pasta darstellen. Es kommen aber auch Eierconserven im Handel vor, welche einen Zusatz von Chlornatrium oder Rohrzucker enthalten und sowohl zu kulinarischen, wie auch zu technischen Zwecken Verwendung finden. Durch den Zusatz fremder Stoffe, welche zwischen 12 und 36 pCt. schwankt, ist der Consument niemals sicher bezüglich des eigentlichen Werthes dieser Fabrikate, wenn nicht besondere Werthbestimmungen vorher vorgenommen werden; es mag dies die Ursache sein, warum die meisten Fabriken, welche mit Zusätzen arbeiten, nicht prosperiren. Für die Beurtheilung der Reinheit und Güte der Conserve ist die Menge der in Alkohol (44 bis 45 pCt.) und Canadol (Petroleumäther) (6 bis 7 pCt.) löslichen Substanz maassgebend. Selbstverständlich darf die Wasser- und Aschenbestimmung nicht vernachlässigt werden.

*Aufbewahrung von Eiweiss.* Wollte man jedoch das Eiweiss für sich aufbewahren, so vermischt man es mit Zucker, und zwar nimmt man 125 Gramm Zucker auf das Weisse von 9 Eiern.

Martin macht den Vorschlag, für den Winter das Eiweiss in Form eines Syrupes aufzubewahren und zwar 250 Gramm frisches Eiweiss mit 500 Gramm gepulverten Zucker zu mischen und im Wasserbade unter 60° C. zum Lösen bringen und durchgeseiht aufzubewahren. Man darf nur kurze Zeit erwärmen.

Um Eiweiss für gewerbliche Zwecke conserviren zu können, setzt man demselben $^1/_4$ pCt. Terpentinöl zu, wodurch dasselbe vor dem Verderben vollkommen geschützt wird; in vielen Fällen giebt man dem gereinigten, farblosen, leichten Steinkohlentheeröl den Vorzug.

*Aufbewahrung von Eidottern.* Die Aufbewahrung der Eidotter, um solche zu technischen Zwecken zu verwenden, gelingt nach Schneider sehr gut, wenn die Dotter mit dem gleichen Gewichte Zucker oder Gummi vermischt werden, worauf der so erhaltene Brei auf Glasplatten in einer Schicht von ungefähr 5 bis 6 Millimetern aufgestrichen und bei einer Temperatur von 30 bis 40° C. und guter Ventilation getrocknet wird.

Nach Haekart entspricht zu diesem Zwecke das gereinigte Glycerin allen Anforderungen; werden nämlich gleiche Theile

Eigelb und Glycerin gehörig gemischt, so erhält man eine zarte, schöne, gelbe Emulsion von Syrupskonsistenz, die sich selbst bei Zutritt der atmosphärischen Luft jahrelang unverändert hält. Nach Lengsfeld werden die Dotter sorgfältig zusammengerührt, der Masse werden einige Tropfen Pfirsichöl zugesetzt, man breitet dieselben dann auf Zinkplatten in dünnen Schichten aus und trocknet in auf nicht mehr als 40° C. erhitzten Kammern. Die Zinkplatten werden vor dem Auftragen der Dottermasse mit etwas Pfirsichöl oder Wachs bestrichen. Auf etwa 200 Eidotter nimmt man blos einen Tropfen Pfirsichöl. Das im Handel unter dem Namen „Mucilage" kommende conservirte Eigelb ist mit 5 pCt. schwefligsaurem Natron versetzt. Die ganzen Eidottern kann man mittelst Salzwasser der Art behandeln, dass sie sich nicht zersetzen. Zu diesem Zwecke bringt man die ganzen Eidottern auf eine höchst gesättigte Lösung von Kochsalz in Wasser, lässt sie 24 Stunden lang darauf schwimmen, kehrt sie dann um, lässt nochmals 24 Stunden lang damit in Berührung, nimmt sie dann heraus, lässt abtropfen und an der Luft trocknen. Dadurch erhalten die Eidottern eine wachsartige Consistenz. Statt Kochsalz lässt sich auch Zuckerlösung anwenden.

Zum Zurichten (Sämischgerben) des Handschuhleders nöthige Eigelb wird aufbewahrt, wenn man 500 Theile Eigelb mit 2 Theilen Kochsalz und 24 Theilen Stärkemehl in einem Mörser zusammen mischt. Das Gemenge verdickt sich, wird in Formen gegossen und an der Luft getrocknet. Es thut den Weissgerbern dieselben Dienste wie frisches.

Jacobsen empfiehlt zu gleichem Zwecke 2 bis 3 pCt. Chloralhydrat anzuwenden; indess ist es nicht bekannt, in wie weit dieses antiseptische Mittel sich bewährt und Eingang in die Praxis gefunden hat. Weniger empfehlenswerth dürften die Zusätze von chlorsaurem Ammoniak (G. Schäffer) oder arsensaurem Natron (C. Köchlin) sein. Solchergestalt in flüssiger Form conservirtes Eigelb ist indess in der Regel doch nur für Zwecke der Handschuhgerberei brauchbar, denn wiewohl namentlich das gesalzene Eigelb sich recht gut conservirt und auch der höhere Kochsalzgehalt kein Hinderniss einer Verwendung desselben als Nahrungsmittel bilden würde, so hat das grosse Publikum doch eine gewisse Scheu vor der Verwendung eines derartigen Präparats und kauft dasselbe nicht gern, solange der Bezug von frischen Eiern noch möglich ist. Dass mit anderen Mitteln conservirtes Eigelb als Nahrungsmittel gar nicht verwendbar ist, ist klar und so kommt es, dass die Verwerthung dieses einen erheblichen Werth repräsentirenden Nebenproduktes der Albuminfabrikation keineswegės eine völlig entsprechende ist.

*Einfluss gewisser Gase auf die Conservirung der Eier.* Ueber den Einfluss gewisser Gase auf die Conservirung der Eier hat P. C. Calvert eingehende Untersuchungen angestellt. Hühnereier veränderten sich bei unversehrter sowohl, wie mit durchbrochener Schale unter Kohlensäure aufbewahrt, gar nicht; ebenso conservirend wirkt Wasserstoff, nur auf der Oberfläche der Schale bildet sich ein leichter Flaum von Schimmelpilz. Leuchtgas verhält sich ebenso. In Stickstoff aufbewahrte Eier zeigten in jedem Falle Schimmelbildung an der Oberfläche; war die Schale intact, so blieb der Inhalt des Eies unverändert, war sie dagegen durchbohrt, so zeigte er leichte Zersetzung unter Auftreten von Vibrionen. Im trockenen Sauerstoffe hält sich das Ei Monate lang unverändert, im feuchten bedeckt es sich mit einem dicken Rasen von Penicillium, doch bleibt der Inhalt unverändert. Macht man dagegen mit einer feinen Nadel ein Loch in die Schale, so wird der Inhalt putrid und es bildet sich eine grosse Menge Kohlensäure und Stickstoff. Das Gasgemenge zeigte nach 3 Monaten einen Gehalt an Kohlensäure von 41,79 pCt., an Stickstoff von 10,15 pCt. und es waren nur 48,06 pCt. des Sauerstoffes zurückgeblieben.

*Conserviren von Früchten mittelst Kalk.* Das Verfahren, Früchte zu conserviren, welches Chevet schon sehr oft erprobt hat, besteht darin, dass man die Vegetabilien mit einer Schicht gelöschten Kalks (trockenen Kalkhydrates) bedeckt, welchen man zuvor durch ein Sieb hat passiren lassen und vor dem Luftzutritt gesichert hat. Zu dem Ende bringt man die Früchte in ein passendes Gefäss, worin man sie schichtet und die Schichten durch eine je nach der Art der Früchte mehr oder weniger dicke Lage gelöschten (zerfallenen) Kalks trennt. Die Mündung der Gefässe wird nicht verkorkt, sondern man stürzt sie in eine etwa 50 Millimeter hohe Lage von Kalkhydrat um, so dass dasselbe jene ganz umgiebt. Durch dieses Mittel gelang es Chevet, Trauben bis zur neuen Reife zu conserviren. Die zwischenliegende Kalkschicht betrug nur wenige Millimeter. Bei Kartoffeln muss hingegen ihre Dicke 25 Millimeter betragen. Die Einfachheit und Wohlfeilheit dieser Conservation wird derselben nicht allein in der Haushaltung, sondern auch in den Gewerben Anwendung verschaffen, wenn sich anders der angezeigte Erfolg bestätigt. In Russland befolgt man folgendes Verfahren zum Conserviren der Früchte. Man löscht frisch gebrannten Kalk im Wasser, welches mit einigen Tropfen Creosot versetzt ist, lässt ihn darin sich sättigen und an der Luft zerfallen. Nun nimmt man eine dichte Kiste, legt auf den Boden eine etwa 25 Millimeter dicke Lage solchen Kalkpulvers, darauf einen Bogen Papier und eine Lage sauber abgewischter Früchte, die man mit einem zweiten Papierbogen und einer ebensolchen Lage von Kalkpulver bedeckt. In die Ecken kann man etwas feines Holzkohlenpulver bringen. So fährt man fort, bis die Kiste gefüllt ist, nagelt den Deckel dicht schliessend auf und kann dann die Früchte mindestens ein Jahr lang unverändert aufbewahren.

Für Gegenstände, welche sich in Flaschen oder überhaupt in kleineren Gefässen aufbewahren lassen, ist die Verwendung des Aetzkalks sehr zu empfehlen. Auf Flaschen und krugförmige Standgefässe hat man Stopfen mit Kalkbehälter (Fig. 4). Den

Fig. 4.

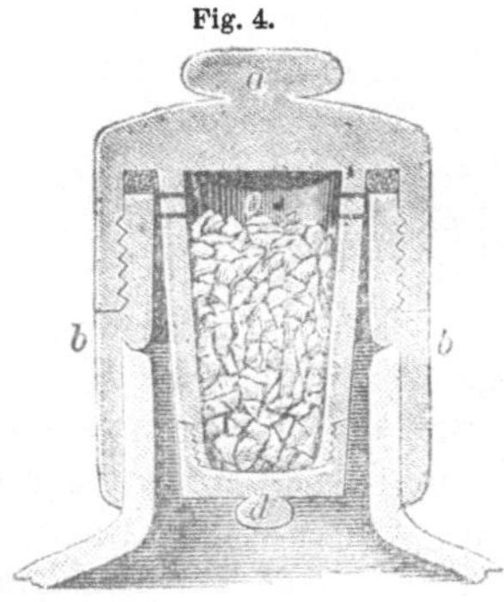


Flaschenrand umfasst durch Aufkitten festsitzend ein breiter, zinnerner Ring *b*; oberhalb mit Schraubenwindungen zur Aufnahme eines Schraubenstopfens *a*. Zur Beförderung eines luftdichten Schlusses liegt in dem Deckel ein Gummiring, der beim Aufschrauben des Deckels gegen den Ring *b* gedrückt wird. Der Metallkörper des zinnernen Stopfens erweitert sich nach Innen in Form eines Hohlgefässes *c*, welches offen ist und durch Aufschrauben eines Schlussdeckels *d* dicht verschlossen wird. Dieses Hohlgefäss wird halb mit erbsengrossen Aetzkalkstücken gefüllt. Zur Verbindung des Inneren dieses Hohlgefässes mit dem Inneren des Standgefässes befinden sich oberhalb in der Gegend von *e* mehrere feine Bohrlöcher. Weniger elegant als diese zinnernen Verschlüsse ist folgender aus Weissblech gefertigter Verschluss

(Fig. 5). *aa* ist ein über den Rand des Gefässes *h* dicht fassender Blechdeckel mit in der Mitte angelöthetem, blechernem Hohlgefäss *bb*, welches durch eine mittelst eines Korkes *d* verschliessbare Oeffnung mit Aetzkalkstückchen halb gefüllt ist. Der Kork *d* ist durch eine übergreifende Kapsel *e* bedeckt. Die Verbindung des Kalkes in dem Hohlgefäss mit dem inneren Gefässraum wird durch kleine Löcher bei *b* vermittelt. Fürchtet man ein Hineinstauben des Kalkes, so legt man auf den Kalk eine Baumwollenschicht. Der dichte Schluss des Deckels auf dem Gefäss ist durch einen Kautschukring *ee* bewirkt. Für büchsen-

Fig. 5. Fig. 6.

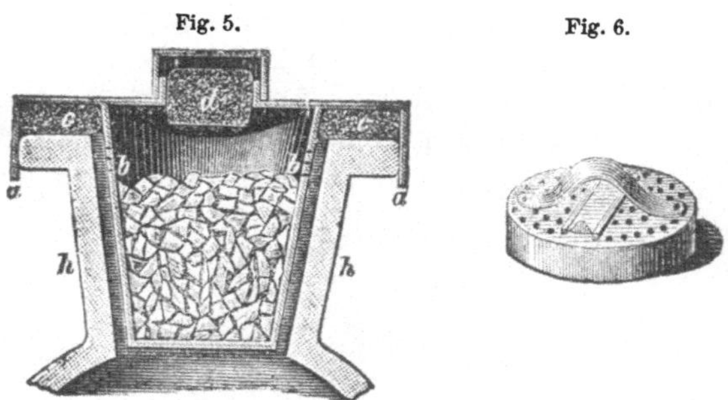


förmige Gefässe hat man Kalkdosen aus Weissblech mit Griff und auf der perforirten oberen Seite mit einem Schiebeverschluss (Fig. 6). Diese Kalkdosen setzt man auf den hygroskopischen Inhalt der Büchsen. Für Vorrathskästen leicht schimmelnder Gegenstände bedient man sich der Kalkkästen von parallelepipedischer Form, welche an dem einen Ende mit einem übergreifenden Deckel geschlossen und nur auf einer Seite durchlöchert sind.

*Conservirung im luftverdünnten Raume.* R. Montreith und D. Urquhart trocknen die aufzubewahrenden Thier- und Pflanzenstoffe in luftverdünntem Raume. Man bringt sie zu diesem Zwecke in Kammern, in welchen irgend eine hygroskopische Substanz (Schwefelsäure, Aetzkalk) ausgebreitet ist und verdünnt die Atmosphäre der Kammer mittelst einer Luftpumpe. Beim Trocknen von Fleisch erwärmt man gegen das Ende der Operation die Kammer. In dieser Weise präparirte Artikel verderben nicht, wenn der Luft ausgesetzt, allein sie erhärten zu sehr. Um diesem vorzubeugen, überzieht man sie mit einem Fett oder packt sie in geöltes Papier.

*Aufbewahrung von Obst in Gyps.* In Amerika bewahrt man in letzterer Zeit Obst (Aepfel etc.) in nachstehender Weise auf. Gute, vollkommen ausgereifte, trockene und unbeschädigte Aepfel werden mit einem trockenen Tuche abgewischt, um jeden feuchten oder klebrigen Hauch von ihnen zu entfernen und dann in das bestimmte Gefäss (Kiste, Fass u. dgl. m.) auf eine etwa 25 bis 30 Millimeter hohe Schicht fein gemahlenen Gyps, womit man den Boden des Gefässes bedeckt hat, mit dem Stiel nach oben so eingelegt, dass sich die Aepfel einander nicht berühren, der Raum aber möglichst ausgenutzt ist. Dann füllt man wieder soviel Gyps darüber, dass die Zwischenräume gut ausgefüllt und die Aepfel mit einer gleichmässigen Lage Gyps bedeckt sind, auf die man weiter Aepfel und auf diese weiter Gyps bringt und so fortfährt, bis das Gefäss gefüllt, oder alle Aepfel verpackt sind. Die oberste Schicht muss natürlich Gyps sein. Der Gyps wirkt dabei mechanisch durch Ausschluss des Druckes der einzelnen Früchte auf einander, der Feuchtigkeit und besonders der Temperaturveränderungen der äusseren Atmosphäre und halten sich in dieser Weise conservirte Aepfel frisch und wohlschmeckend bis ins Frühjahr. Ein trockener Keller oder eine frostfreie Kammer ist der beste Platz, die Gefässe aufzustellen, die man durch untergelegte Querhölzer gegen etwaige Feuchtigkeit des Fussbodens schützt.

*Vorsichtsmaassregeln beim Aufbewahren von Obst.* Alles zum Aufbewahren bestimmte Obst muss überhaupt in regenfreier Zeit und am besten an einem sonnigen Tage geerntet werden; es soll reif, aber ja nicht weich sein, und empfiehlt sich bei einzelnen Obstsorten sogar, dasselbe einige Tage vor seiner vollständigen Reife abzunehmen. Das Obst muss sogleich sorgfältig ausgesucht, mit einem trockenen Tuche abgeputzt und nach Vorschrift fortgelegt werden; natürlich darf zum Conserviren nur gutes Obst, welches ohne jeglichen Stoss- oder Faulfleck ist, genommen werden; man lasse daher lieber jedes zweifelhafte Stück zurück und verwende dasselbe zum sofortigen Gebrauch. Am besten eignet sich zum Aufbewahren des Obstes ein durchaus luftiger, frostfreier Keller, der nur zu diesem Zweck gebraucht wird; auch kann man sich ein kleines Kämmerchen dazu einrichten. Der erwählte Raum muss zunächst sorgfältig gereinigt und gut gelüftet werden; dann lässt man an der einen, oder wenn es nöthig ist, auch an beiden Längsseiten Bretterborten im Zwischenraum von 25 bis 30 Centimeter anbringen. Von der Höhe des Raumes hängt es ab, wie wiel Borten übereinander angebracht werden können. Am Tage, bevor das erste Obst in den Aufbewahrungsraum gebracht werden soll, müssen die Fenster und Thüren dicht verschlossen werden, indem man dieselben mit Decken verhängt; breitere Spalten und Ritzen müssen entweder durch Filzstreifen oder durch die bekannten vorzüglichen Luftverschliessungs-Cylinder aus Watte verstopft werden. Wenn letzteres gut gemacht ist, kann man sogar die Decken fortlassen und braucht nur die Fenster etwas zu verhängen. Soll später noch Obst in den Aufbewahrungsraum gebracht, oder aus demselben herausgeholt werden, so thut man am besten, sich durch eine Lampe Licht zu machen; jedenfalls muss die Thüre sofort wieder geschlossen werden. Nur auf diese Weise ist es möglich, die drei, für abgepflücktes Obst, schädlichsten Factoren, Licht, Luft und Wärme, welche dem Obst die Ueberreife geben und es dadurch in das erste Stadium der Fäulniss bringen, von ihm fern zu halten. — Sehr feine Aepfel und Birnen lege man einzeln, mit dem Stiel nach unten, in kleine Papiersäckchen, deren Ränder, jedoch ohne das Obst zu berühren, gegeneinander geklebt werden, und hänge sie danach mit Drahthäkchen, welche die Form eines S haben, an Querstäbe auf, die unter der Decke des Raumes anzubringen sind. Auch kann man Fäden durch die Papiersäckchen ziehen und das Obst so an den Stielen aufhängen. Das auf diese Weise conservirte Obst hält sich lange Zeit frisch und saftig; die Birnen sind sogar oft noch im Juni vortrefflich. Pfirsiche und Reineclauden indessen halten sich auch bei dieser Methode nur für wenige Monate; diese Früchte müssen auch jedenfalls schon vor ihrer vollständigen Reife abgepflückt werden. — Diese allerdings sehr treffliche Art des Conservirens ist dennoch mit grossen Umständlichkeiten verbunden; deshalb sei für geringere Obstsorten, namentlich für Aepfel und Birnen, folgende einfachere Methode zu empfehlen. Man lasse sich von leichtem Tannenholz 8 Centimeter hohe und 60 Centimeter breite Kasten anfertigen und lege in diese, sobald sie nicht mehr ganz frisch riechen, die Früchte, mit der Blume nach oben, hinein. Doch muss man zwischen die einzelnen Obststücke, damit sie sich nicht berühren, ein Blättchen Papier schieben. Beifolgende Abbildung (Fig. 7) veranschaulicht einen solchen, und zwar den untersten Kasten, an welchem die Füsse ziemlich stark und 3 bis 4 Centimeter hoch sein müssen; die andren Kasten, welche auf dem, auf der Erde stehenden aufgebaut werden, bedürfen solcher Füsse nicht. Die Seitenwände der Kasten sind von etwas dickerem Holze gefertigt, um die nun folgenden Kasten mit je einer Obstschicht tragen zu können. Die Griffe an den Seiten sind zu Handhaben bestimmt und schützen zugleich gegen das Herabrutschen der darüber stehenden Kasten. Man kann eine Menge solcher Behälter übereinander thürmen, doch muss der oberste jedenfalls mit einem Deckel verschlossen werden. Das Obst beansprucht, so aufbewahrt, sehr wenig Platz und conservirt sich vortrefflich. Eine dritte Art der Conservirung speciell der Aepfel besteht darin, dass man jeden Apfel in Papier

Fig. 7.

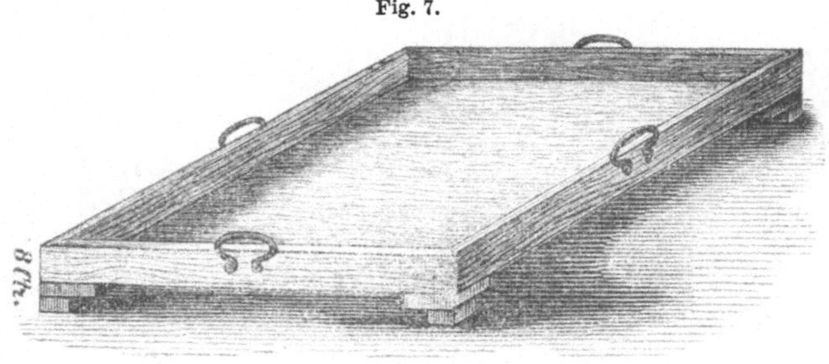

wickelt und dann, den Stiel nach unten, die Früchte in saubere, trockene Fässer (leere Weinfässer eignen sich dazu vorzüglich) legt, welche mit einem gut passenden Deckel verschlossen werden.

Bei jeder dieser Conservirungsarten darf man aber ja nicht unterlassen, — besonders im November und Dezember, wo am ehesten Fäulniss eintritt, — nachzusehen, ob sich Faulflecke an dem Obste zeigen; ist dies der Fall, so nimmt man das betreffende Obststück fort und verwendet es sofort. Sind indessen alle vorgeschriebenen Bedingungen erfüllt, so kann man fast sicher sein, dass das zu conservirende Obst unversehrt bleibt.

Das Obst, welches schon während des Winters gebraucht werden soll, legt man am besten auf die vorher beschriebenen Holzborten, die man vorher mit einer Lage Stroh bedeckt hat; darauf setzt man dann das Obst, den Stiel nach unten, und nicht zu nahe an einander. Auch hier entferne man sofort die angegangenen Früchte.

*Aufbewahrung von Weintrauben.* Weintrauben müssen, wenn sie gerade reif oder noch nicht reif sind, mit einer scharfen Scheere abgeschnitten werden. Nachdem die Schnittwunden durch kleine Wachsplättchen verklebt worden, hängt man die Trauben sofort, den Stiel nach unten, so dass die einzelnen

Beeren auseinander fallen können und weniger gedrückt werden, vermittelst eines Drahthäkchens an Stäbe oder aufgespannte Bindfäden an. Die Trauben sollen frei hängen und wähle man zum Conserviren solche mit nicht zu fest aneinander haftenden Beeren; je lichter die Traube ist, desto besser wird sie sich halten. Wo viele Trauben aufbewahrt werden hat man dazu hölzerne Ständer (Fig. 8). Dieselben sind etwa 90 Centimeter

Fig. 8.

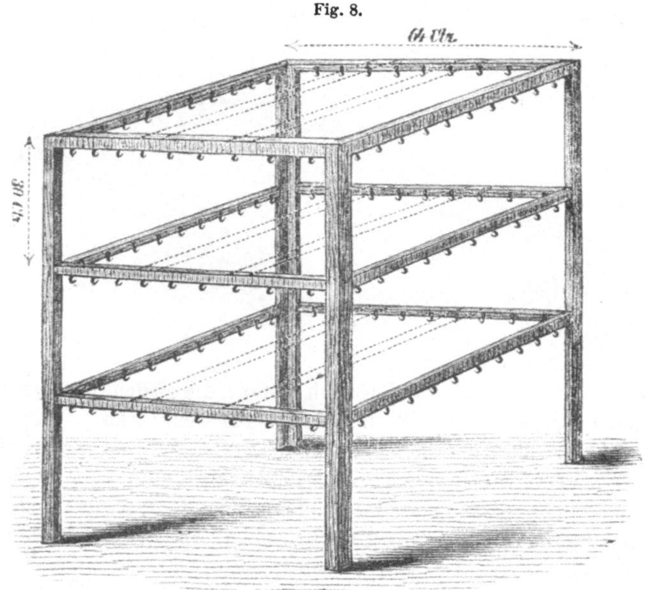

hoch und haben 64 Centimeter im Quadrat. Die Querstäbe sind mit Häkchen oder Nägeln versehen, welche in je 8 Centimeter Entfernung zum Anhängen der Trauben dienen. Hat man einen grösseren Vorrath aufzubewahren, so können an Stelle der punktirten Linien entweder noch dünne Stäbchen oder auch nur feste Schnüre angebracht werden. So lassen sich auch hier in einem verhältnissmässig kleinen Raum viel Trauben vorzüglich conserviren und es können sich dieselben, nach dieser Methode bewahrt, bis April und Mai halten. Den Ständer kann man natürlich nach Wunsch und Bedürfniss grösser oder kleiner herstellen lassen. Sollte sich beim Nachsehen, was auch hier nicht unterbleiben darf, hin und wieder eine angefaulte Beere finden, so schneide man sie mit einer Scheere vorsichtig heraus und gebe Acht, dass von diesem schlechten Saft nichts an die andren Beeren kommt. Es ist rathsam, beim Schneiden und Anfassen der Trauben stets Handschuhe anzuziehen, da die Wärme der Hände dem feinen Obst oft schädlich ist. Beim Pflücken von Pflaumen und sonstigem Obst beobachte man gleichfalls diese Vorsicht. Die Pflaumen werden, den Stiel nach unten und ohne einander zu berühren, in leichte Holzkistchen lagenweise mit Kleie eingeschichtet, wobei man mit einer Lage Kleie anfangen und aufhören muss. Auch die Pflaumen halten sich bei diesem Verfahren viele Wochen vortrefflich; es ist nichts seltenes, bei sorgfältiger Anwendung desselben, noch zur Weihnachtszeit frische zu haben.

Claussen empfiehlt Kartoffeln durch Gyps zu conserviren und zwar benetzt er dieselben erst mit verdünnter Schwefelsäure (1 Säure 200 Theile Wasser) und übergiesst sodann gut mit Kalkmilch.

*Ausstopfen der Thierbälge.*

Zum Ausstopfen der Thierbälge wird als Ersatz der Arsenikseife eine Mischung aus gleichen Theilen gebrannten und gemahlenen Gyps, fein gepulverter Holzkohle und Knochenkohle angewendet.

*Aufbewahrung des Obstes im Sand.*

Aber auch schon der möglichst feine, jedoch staubfreie Sand thut dieselben Dienste wie der Kalk und der Gyps. Mit Eintritt des Winters bringt man das zu verwahrende Obst in Kisten und Fässer und Gefässe, wie sie eben zur Hand sind, und füllt die Zwischenräume während des Einschichtens mit möglichst feinem Sande aus, der aber weder zu feucht noch zu trocken sein darf. Vorzüglich geeignet ist dazu der feine Flusssand, weil dieser die wenigsten erdigen Theile mit sich führt. Die Aufbewahrung der so angefüllten Gefässe muss in frostfreien Räumen geschehen, am besten also im Keller, wo man auch das Einschichten vornimmt. Wegen Verschiedenheit der Lagerweise des aufzubewahrenden Obstes ist es erforderlich, solches nach der Verschiedenheit der Reifezeit zu sondern und diese unter Angabe der Sorte auf dem Gefässe zu markiren. Unbedingt nothwendig wird dieses für Winterbirnen, weil diese bekanntlich, sobald sie ihre volle Lagerreife erlangt haben, mehr oder weniger rasch durchgehen. Es ist hierbei daran zu erinnern, dass, wenn Winterbirnen demnächst die volle Güte der Sorte entwickeln sollen, sie so spät als möglich vom Baume abgenommen werden müssen. Beim Herausnehmen reinigt man die Früchte von den anhängenden

**feinen Staubtheilen durch Abbürsten oder noch besser durch Abwaschen.**

*Conservirende Wirkung des Zuckers und Honigs.* Zucker und Honig wirken, wie die vorbemerkten Substanzen, in gleicher Weise und zwar durch ihre Affinität zum Wasser und dadurch, dass sie den Abschluss der Luft begünstigen. Der Gebrauch dieser Stoffe zu Conservirungszwecken ist uralt.

Die Badas auf Ceylon schneiden frisches Fleisch in Stücke, legen sie in einen Topf, füllen denselben vollends mit Honig und setzen dann denselben in die ausgehöhlte Oeffnung eines Baumstrunkes, welcher jedoch über der Erde hervorstehen muss. Hierauf wird die Oeffnung mit einer Lehmschichte geschlossen. Nach etwa einem Jahre oder auch später wird das Fleisch herausgenommen und besitzt dann einen eigenthümlichen, angenehmen Geschmack und Geruch.

*Conservirung von Butter mit Zuckerzusatz.* Schon seit dem 15. Jahrhundert ist es bekannt, dass ein Zusatz von Zucker zur Butter oder Fett dasselbe länger als sonst conservirt.

Eine in Portugal sehr gebräuchliche Conservationsart der Fluss- und Seefische ist nachstehende: Mit Anwendung von sehr wenig Zucker ist man im Stande, Lachse und andere Fische lange Zeit vollkommen frisch zu erhalten, und nach dem Kochen schmecken sie so gut, als ob man frisch gefangene angewandt hätte. Der Fisch wird blos geöffnet, auf dem fleischigen Theile mit Zucker bestreut und 2 bis 3 Tage wagerecht gelegt, damit der Zucker durchdringe. Lachs, der auf diese Weise vor dem Einsetzen und Räuchern behandelt wird, hat einen weit angenehmeren Geschmack, als nach der gewöhnlichen Behandlung. Ein Esslöffel voll braunen Zuckers ist hinlänglich für einen Lachs von $2^1/_2$ bis 3 Kl.

*Fleischaufbewahrung in Zuckersyrup.* Nach einer Mittheilung von Dr. Dusurb lässt sich rohes Fleisch mit seinem Geschmack, Farbe und seiner normalen Consistenz erhalten, wenn dasselbe in gut gekochtem Zuckersyrup eingelegt wird, ohne demselben irgend eine metallische Substanz zuzusetzen. Dusurb stützt seine Mittheilung auf die Erfahrung einer sorgfältigen Prüfung während eines Zeitraumes von fünfzehn Jahren. Es ist übrigens eine schon lange bekannte Erfahrung, dass die Körper von Ratten und Mäusen, welche zufällig in braunem Syrup umkamen, sich vollständig conservirt zeigten, selbst nach längerer Zeit des Verbleibens in dem Zuckersafte.

*Verschiedene engl. Patente zur Conservirung von Fleisch.* Zur Conservirung von Fleisch sind ferner mehrere Patente in England genommen worden, welche wesentlich nichts Neues bieten.

S. Hickson ist wahrscheinlich stolz auf seine neue Idee, Fleisch in lufttrockenem Zustande mit krystallisirtem Rohzucker in Fässer zu packen und zu conserviren.

W. J. Colemann scheint der Zucker nicht neu genug, er nahm noch schwefligsaure Alkalien und flickte so aus zwei alten Verfahren ein neues Patent zur Fleischconservirung zusammen.

Bei E. Metge und F. N. C. Vuibert wird der Fleischconservirende Zucker gar zu einem Phenolliquor erklärt. Das Patent lässt das Thier mit einem Schlage gefällt werden, es wird vollständig ausbluten gelassen, sogleich geöffnet und ausgeweidet. Der ganze Körper wird dann unzerkleinert, in mit 1 pCt. reinem Phenol versetzten Weingeist von 72 pCt. getaucht, nach dem Herausnehmen trocken gelassen und nun in ein Bad von syrupdicker alkoholischer Zuckerlösung gelegt. Nach dem Herausnehmen wird die Masse wieder getrocknet und dann in Zinnbüchsen von entsprechender Grösse gesteckt, die man nunmehr mit gereinigtem, geschmolzenem (45° C.) Fette anfüllt und dann verschliesst.

Nach F. Sacc werden die zu conservirenden Früchte in einem aufrechten Gefässe in Schichten gelagert, je zwei derselben durch eine Schicht gepulverten weissen Zuckers getrennt und mit Alcohol von 80 pCt. übergossen. Nach 12 Stunden stürzt man das geschlossene Gefäss um und lässt für weitere 12 bis 72 Stunden maceriren; die Dauer der Maceration ist von der Art der Frucht abhängig. Die Frucht wird schliesslich abtropfen gelassen und getrocknet. Auf 2 Kl. Frucht werden 1 Kl. Zucker und 1 Kl. Alkohol empfohlen.

Hierher sind anzureihen die sogenannten eingemachten Früchte, Konserven, Marmeladen u. A. m.

*Eingemachte Früchte, Conserven, Marmeladen.* Die Auswahl der zum Einmachen bestimmten Früchte muss die besondere Aufmerksamkeit des Arbeitenden in Anspruch nehmen. Dieselben müssen gesund, fleischig und vor der vollständigen Reife gepflückt sein, damit sie eine gewisse Festigkeit bewahren, namentlich diejenigen, welche weich und saftig, wie Pfirsiche und Aprikosen, sind. Im Allgemeinen, sind die bei vollständiger Reife gepflückten Früchte sehr fleischig, so können sie keine Hitze oder genügende Maceration vertragen, ohne zu zergehen oder sich in

**Muss zu verwandeln. Ebenso muss man Früchte verwerfen, welche zu grün, angestossen, zerquetscht, unansehnlich, welk, wurmstichig oder überhaupt in irgend einer Beziehung defekt sind. — Die verschiedenen Arten der Früchte haben auf die Güte der Produkte Einfluss und eignen sich nicht alle gleichzeitig zum Einmachen; diejenigen, welche den besten Geschmack und Geruch besitzen, müssen den Vorzug erhalten. Die Bodenbeschaffenheit und das Land, welches die Früchte erzeugt, äussern auf die Güte derselben einen wesentlichen Einfluss; ebenso sind die in heissen und trockenen Jahren gewonnenen besser wie die in kalten und regnigen Jahren gewonnenen. —** Sind die Früchte den angegebenen Bedingungen entsprechend und in vollkommen frischem Zustande, so sucht man ein Welken und Erweichen zu verhüten; man reinigt sie mit einem Tuche von Staub, oder reibt sie mit einer Bürste, wenn sie mit wolligem Ueberzuge bedeckt sind. Man durchsticht sie mit einer dünnen silbernen Nadel an verschiedenen Stellen, um ein Bersten der Haut zu verhüten und das Durchdringen der Frucht von der Flüssigkeit zu befördern und endlich muss man sie sofort in ein Gefäss mit sehr kaltem Wasser, am besten Eiswasser, bringen. Hier dürfen die Früchte nicht zu lange liegen bleiben, weil sie sonst zu fest, zu hart werden würden und sich schwer bleichen liessen. Im Allgemeinen genügen 4 bis 5 Stunden vollständig, um sie für die Operation des Bleichens tauglich zu machen. Das Bleichen hat den Zweck, den Früchten den herben und scharfen Stoff zu nehmen, welcher von der in ihnen befindlichen Gerb- und Apfelsäure herrührt und nicht allein ihrer Aufbewahrung hinderlich ist, sondern auch ein Schwärzen derselben innerlich und äusserlich verursacht. Die Art der Abkochung, der die Früchte beim Bleichen unterworfen werden, vollendet ausserdem die ihnen noch fehlende Reife, macht sie mürbe und entwickelt ihren Geruch. Das Bleichen wird in folgender Weise vorgenommen: Man setzt einen mehr weiten als tiefen kupfernen Kessel auf das Feuer und füllt ihn bis zu etwa zwei Dritteln mit Wasser. Hierauf erhitzt man dasselbe bis nahe zum Siedepunkt (95° C.) und bringt alsdann die Früchte aus dem Gefässe mit kaltem Wasser vermittelst eines Schaumlöffels oder eines Siebes, je nach der Art der Früchte, zusammen mit beinahe kochendem Wasser in den Kessel. Sobald sie von selbst in dem letzteren zu Boden sinken, wird das Feuer schnell gelöscht und die Früchte verbleiben in diesem Zustande etwa 10 Minuten. Alsdann wird das Feuer wieder angezündet und eine solche Hitze entwickelt, dass die Früchte von selbst auf die Oberfläche des Wassers kommen. Man verhütet jetzt durch Unterhalten des Schaumlöffels das Herabsinken vorsichtig, nimmt die Früchte sanft mit dem Instrument in dem Maasse, als sie auf der Oberfläche erscheinen, heraus und wirft sie in ein Gefäss mit sehr kaltem oder Eiswasser. Damit die letzten Früchte leicht in die Höhe steigen, muss man sehr stark feuern; vortheilhafter ist es daher, sie, ehe sie auf die Oberfläche des Wassers kommen, herauszunehmen, wodurch man verhütet, dass sie durch die Hitze vollständig zergehen. Das Bleichen der Früchte muss sehr schnell geschehen, damit es mit den verschiedenen Temperaturveränderungen, die dieselben zu erleiden haben, vollendet sei. Indem sie aus dem kalten Wasser, welches ihr Fleisch zusammengezogen hat, kommen und in das fast siedende Wasser geworfen werden, werden sie auch sofort gebleicht; die Hitze giebt ihnen jedoch einen grossen Theil ihrer früheren Farbe wieder und durch das kalte Wasser erhalten sie dieselbe vollständig zurück. Wenn dagegen das Wasser im Kessel nicht genügend heiss, oder das kalte Wasser nicht hinlänglich abgekühlt ist, so erhält man ein schlechtes Resultat; denn die wieder abgekühlten Früchte erlangen nicht den Temperaturunterschied, welcher ihnen die Eigenschaft von reifen Früchten giebt. Da die Farbe einiger Früchte, wie z. B. Aprikosen und Pfirsiche, sehr zart ist, so ist zur Erhaltung derselben erforderlich, zu je 100 Liter kaltem Wasser 66,5 bis 80 Gramm pulverisirten Alaun hinzuzusetzen. Es ist zu bemerken, dass der Alaun nur in dem kalten Wasser und nicht in dem Kessel, welcher zum Bleichen dient, verwendet werden darf. Wie schon bemerkt, befestigt der Alaun die Farben; daraus folgt, dass, wenn man ihn in das heisse Wasser bringt, man die ursprüngliche Farbe der Früchte erhält und ihnen die Weisse und Gleichmässigkeit der Nüancen nehmen würde, welche die Schönheit der gebleichten Früchte ausmacht.

*Syrupfrüchte oder Compote.* Diese gebleichten Früchte lassen sich nun verschiedenartig verwenden. Will man sie zu Syrupfrüchten oder Compoten verwenden, so verfährt man bei

Aprikosen in folgender Weise: Nachdem die Früchte gebleicht worden (auf die vorerwähnte Weise), lässt man sie auf einem Haarsieb abtropfen, bringt sie auf ein Blech oder einen reinen Lappen, damit alles Wasser von der Leinwand eingezogen werden könnte. Jetzt füllt man die Früchte in Flaschen und zwar so, dass möglichst viele davon in eine Flasche gebracht werden, und setzt, ohne die Früchte zu zerdrücken, weissen Syrup von 26° Bé. in der Kälte hinzu, verkorkt die Flaschen, bindet sie zu, setzt sie ins Wasserbad und lässt sie ungefähr 3 Minuten kochen. Wenn man die Aprikosen in nicht vollständiger Reife anwendet, so kann man das Bleichen unterlassen; man bedeckt sie mit einem Syrup von 24° Bé. (kalt gewogen) und lässt sie ebenfalls drei Minuten lang kochen.

Aprikosen in Stücken werden schwach gebleicht und, nachdem sie abgetropft sind, mit Hülfe eines kleinen Spatels in Flaschen mit Syrup von 26° Bé. gefüllt; die Flaschen werden dann zugebunden und zwei Minuten lang im Wasserbade gekocht. Man kann zu den Aprikosen auch die Kerne zufügen; man zerschlägt den harten Nusskern, zieht die äussere braune Haut von dem inneren weissen Samen ab, schneidet jeden in die Hälfte und bringt in jede Flasche ungefähr ein Dutzend solcher Stücke.

Pfirsiche werden ebenso eingemacht wie die Aprikosen, entweder in Stücken oder ganz.

Ananas wird gereinigt, in Stücke geschnitten, in Flaschen gebracht, welche ungefähr bis zu zwei Dritteln angefüllt werden, und mit weissem Syrup von 26° Bé. vollgefüllt. Man verschliesst alsdann die Flaschen gehörig und lässt ihren Inhalt 5 Minuten lang im Wasserbade kochen. — Die ganzen Ananas werden in Büchsen aus Weissblech eingemacht. Nachdem dieselben gereinigt sind, giebt man den Ananasfrüchten ein gutes Ansehen und bringt sie in die ihrer Grösse entsprechenden Büchsen, welche mit weissem Syrup von 26° Bé. angefüllt werden. Alsdann löthet man den Deckel auf und lässt den Inhalt der Büchse $1^1/_2$ Stunden im Wasserbade kochen.

Erdbeeren. Man wählt sehr schöne Erdbeeren aus, die in trockener Jahreszeit gepflückt sein müssen, und füllt sie in Flaschen, indem man einen kalten Syrup von 28° Bé. hinzusetzt; verkorkt die Flaschen, bindet sie zu und lässt ihren Inhalt im Wasserbade einfach aufkochen. Die Farbe dieser Conserve wird durch einen geringen Zusatz von Karmin und Kochenille etwas gehoben.

Himbeeren werden, in ihrer vollständigen Reife (hellroth) gepflückt, angewendet; man entfernt die Stengel, bringt sie ohne sie zu zerdrücken in Flaschen, so dass dieselben möglichst gefüllt sind, setzt einen Syrup von 26° Bé. hinzu und lässt das Ganze im Wasserbade aufkochen.

Johannisbeeren werden von den Stengeln gepflückt, in Flaschen gefüllt und mit einem Syrup von 26° Bé. zugedeckt; nach dem Verkorken wird einmal im Wasserbade aufgekocht.

Kirschen müssen vollkommen fehlerlos und nicht zu reif sein. Man schneidet die Stiele bis etwa 13 Millimeter von der Frucht ab und füllt sie in Flaschen, die man dabei umschütteln muss, um möglichst viel Kirschen hineinzubringen, und setzt einen weissen Syrup von 24° Bé. hinzu. Nach gehörigem Verschluss lässt man die Früchte im Wasserbade 4 Minuten kochen.

Die eingemachten Kirschen ohne Kerne werden folgendermaassen bereitet: Man schneidet die Stiele ab und entfernt vorsichtig die Kerne, ohne die Kirschen zu zerreissen, bringt sie in Flaschen, setzt einen weissen Syrup von 26° Bé. hinzu und lässt sie drei Minuten lang aufkochen.

Marronen. Man nimmt gute Marronen, denen man drei Façons Zucker gegeben hat, füllt sie in Flaschen, setzt einen Syrup von 32° Bé. hinzu und lässt sie drei Minuten lang aufkochen.

Nüsse werden ebenso wie die Marronen bereitet, nur lässt man sie fünf Minuten lang aufkochen.

Reine-Claudes werden ebenso wie die (weiter unten beschriebenen) in Branntwein eingemachten Früchte behandelt. Nachdem sie die dort beschriebenen Operationen durchgemacht haben, werden sie mit einem Syrup von 26° Bé. in Flaschen gefüllt, letztere verkorkt, zugebunden und vier Minuten lang aufgekocht.

Mirabellenpflaumen werden in gleicher Weise bereitet, jedoch lässt man sie nur drei Minuten lang aufkochen.

Rousselet-Birnen, Englische und Beurrébirnen lässt man erst bleichen und abtropfen und giebt ihnen vier Façons Zucker, bringt sie in Flaschen und setzt einen Syrup von 28° Bé. in der Kälte hinzu. Das Ganze lässt man acht Minuten aufkochen*).

*Aufbewahrung von Conserven.* Die zur Aufbewahrung der Conserven dienenden Flaschen sind entweder aus weissem oder schwarzem Glase. (Am besten eignet sich dazu gelbes Glas.) Ihre Grösse schwankt zwischen $^1/_4$ bis 1 Liter. Die Flaschen müssen gut ausgespült und genau untersucht werden, da sie nicht

---

*) Ehe die Früchte aus dem Kessel genommen werden, darf das Wasser nicht vollständig erkaltet sein, denn die Wärme, welche nach dem Kochen auf die Conserven einwirkt, ist für den Erfolg der Arbeit durchaus erforderlich.

den kleinsten Riss oder Sprung haben dürfen; ferner muss zwischen den Früchten und dem Pfropfen noch ein Zwischenraum von 25 bis 30 Millimeter sein. — Die Pfropfen müssen sorgsam ausgewählt werden und vom besten und nachgiebigsten Kork sein; man muss sie auch nach Bedürfniss etwas mit Syrup oder Conserve anfeuchten, um die Verkorkung zu erleichtern. Wenn man schlechte Pfropfen wählt, so kommt es oft vor, dass gut bereitete Conserve nach einiger Zeit in Gährung übergeht, da durch kleine Oeffnungen im Pfropfen die Luft Zutritt erlangt, selbst von aussen gut aussehende Korke haben häufig grössere Poren im Inneren, man darf deshalb keine anscheinend schlechten Pfropfen verwenden, sondern muss dieselben sofort verwerfen. Das Verkorken geschieht entweder mit der Hand oder mit der Maschine. Im ersteren Falle werden die Korke am besten in einer Korkquetsche weich gepresst und dann so fest wie nur thunlich in den Hals des Gefässes eingetrieben. Die mechanische Verkorkung geht bequemer von Statten, der Verschluss ist ein vollständiger, weil man grössere Pfropfen als nöthig ist verwenden kann. Durch das heftige Einstossen werden sie zusammengepresst und da die Masse sich ausdehnen will, so schliessen sie sich fest an die Wandungen des Glases an.

Was die Erhitzung der so vorbereiteten Conserven anbelangt, so geschieht dieselbe entweder im Wasserbade oder mit Dampf. Im ersteren Falle bedient man sich bei dieser Arbeit eines grossen, kupfernen Kessels mit flachem Boden, in welchen man einen Holzkorb setzt, bekleidet auch die inneren Wände mit zwei oder drei Reifen, um zu verhüten, dass die Flaschen mit dem Kessel in Berührung kommen, und bringt die Flaschen stehend in den letzteren. Das Wasser muss etwa 25 Millimeter unter dem Rande im Wasserbade stehen.

Die Flaschen werden mit Stroh oder Heu umwickelt, oder in kleine Säcke aus starker Leinwand gebracht. Später bedeckt man die Gefässe mit glatter Leinwand oder einem Deckel, um einen Wärmeverlust zu vermeiden, und um zu verhüten, dass beim etwaigen Springen einer Flasche Jemand verletzt werde. Nachdem Alles gehörig angeordnet ist, feuert man im Anfang langsam, damit die Hitze das Innere der Flaschen gleichmässig durchdringe und, nachdem das Wasser zum Sieden gekommen ist, unterhält man die Hitze längere oder kürzere Zeit, je nach der Natur der Stoffe, mit welchen man arbeitet. Nachdem diese Zeit verstrichen ist, nimmt man den Kessel vom Feuer und nach etwa einer Viertelstunde zieht man das warme

Wasser mit Hülfe eines Hebers oder durch vorsichtiges Neigen des Kessels ab; eine Stunde später nimmt man die Flaschen aus dem Gefässe, wobei man dieselben vor Luftzug schützt, durch welchen sie zerbrechen könnten. Nach dem Erkalten werden die Flaschen verpicht und in den Keller oder an einen andren sehr kühlen Ort gebracht, vorher versichert man sich jedoch, ob die eingeschlossenen Substanzen nicht durch die Ausdehnung der Luft herausgetrieben werden, was man an Flecken auf dem Pfropfen erkennt; die defecten Conserven werden bei Seite gestellt und anderweitiger Gebrauch von ihnen gemacht. — Die Anwendung der Säcke ist dem Heu oder Stroh vorzuziehen; sie füllen den Kessel weniger aus, absorbiren nicht so viel Wasser und gestatten das Kochen vollständig zu beobachten; andererseits ist es viel leichter, wenn ein Gefäss zerbricht, die in dem Sack befindlichen Stücke herauszunehmen als sie unter dem Stroh und Heu zu suchen.

Die Benützung des Dampfes zur Bereitung der Conserven geschieht in, mit Zink- oder Kupferplatten bekleideten, eigens zu diesem Zwecke eingerichteten eichenen Schränken. Die Flaschen werden auf eiserne Platten gestellt, ohne dass sie die Wände des Schrankes berühren; die Thürfugen werden mit geleimten Papierstreifen beklebt und der Dampfzuführungshahn allmälig geöffnet, um den Dampf in das Spinde einzuführen. Sobald die Temperatur auf 44 ° C. steigt, wird der Hahn vollständig geöffnet und die Temperatur bis auf den für die betreffenden Substanzen nothwendigen Hitzegrad gebracht. Erst einen Tag nach beendeter Dämpfung wird der Schrank geöffnet und zwar vorsichtig, damit die kalte Luft nicht plötzlich eindringen kann, wodurch die Flaschen und Gläser leicht zerbrechen könnten. Der sich in dem Schrank verbreitende Dampf verdichtet sich an den Wänden desselben und fällt in Tropfenform auf die Flaschen. Um diesen Uebelstand zu vermeiden, der leicht ein Zerbrechen verursachen könnte, da die Temperatur des condensirten Wassers eine niedrigere ist, wie die der Gläser, bringt man auf der obersten Platte eine Strohdecke ein, welche die Tropfen aufnimmt, fein zertheilt und wieder erhitzt. Im Nachfolgenden wollen wir angeben, welche Hitzegrade man den Conserven giebt, wenn man statt des Wasserbades den Dampf anwendet.

| | |
|---|---|
| Aprikosen (ganze) . . . | 100 ° C. |
| Aprikosen (in Stücken) . . | 97,5 ° |
| Ananas (in Stücken) . . | 95,0 ° C. |

| | |
|---|---|
| Kirschen . . . . . . . . | 97,5 ° C. |
| Kirschen ohne Kerne . . | 95 ° |
| Erdbeeren . . . . . . . | 95 ° |
| Himbeeren . . . . . . . | 95 ° |
| Johannisbeeren . . . . . | 95 ° |
| Stachelbeeren . . . . . | 91 ° |
| Marronen (3 Façons) . . | 100 ° |
| Nüsse (dito) . . . . . . | 100 ° |
| Reine-Claudes . . . . | 100 ° |
| Mirabellen . . . . . . . | 100 ° |
| Pfirsiche (ganze) . . . . | 100 ° |
| Pfirsiche (in Stücken) . . | 97,5 ° |
| Birnen (4 Façons) . . . | 100 ° |
| Birnen (gebleicht) . . . | 100 ° C. |

*Zusatz von Alkalien bei der Bereitung der Conserven.*

Es ist eine bekannte Thatsache, dass in manchen Jahrgängen die Früchte, z. B. Kirschen, Johannisbeeren, Himbeeren u. s. w. wegen ihres überaus grossen Säuregehaltes eine bedeutendere Menge Zuckers zum Einkochen erfordern, als zu ihrer Conservirung nothwendig ist, nur um den sauren Geschmack der organischen Säuren zu verdecken. Dr. A. Vogel hat seit Jahren ein sehr einfaches Verfahren im Gebrauche, wodurch nicht nur eine bedeutende Ersparniss an Zucker erzielt, sondern auch der Wohlgeschmack der Früchte erhöht wird. Es besteht darin, dass man die Pflanzensäuren durch kaustische Ammoniakflüssigkeit abstumpft. Zu dem Ende nimmt man gleich von vornherein weniger Zucker, als man bisher zu einer bestimmten Menge irgend einer sauren Frucht gewöhnlich verwendete und setzt nun unter Umrühren soviel Ammoniak hinzu, bis der saure Geschmack verschwunden ist. Hierbei gewährt die Farbenveränderung der eingekochten Früchte ein sicheres Kennzeichen für die Hinlänglichkeit des Ammoniakzusatzes. Sollte zu viel Ammoniak hinzugebracht worden sein, so kann man diesen Ueberschuss durch eine kleine Menge Essig leicht beseitigen. Selbstverständlich lässt sich dieses Mittel nicht nur bei eigentlichen Conserven anwenden, sondern auch bei eingekochten Früchten, welche unmittelbar nach dem Kochen gegessen werden. Namentlich bei Pflaumen und Stachelbeeren stellt sich durch den Zusatz von Ammoniak ein grosser Vortheil in Ersparniss des Zuckers heraus.

*Eingemachte Früchte vor Verderben zu schützen.* Um die eingemachten Früchte vor Schimmel und Verderben zu schützen, soll es genügen, wenn man jeden Topf, worin sich die eingesottenen Früchte befinden, 5 Millimeter hoch mit gepulvertem Zucker bestreut, wobei es sich von selbst versteht, dass die Gefässe mit Blasen, Wachspapier, Pergamentpapier u. dgl. m. luftdicht verbunden werden müssen.

*Verdorbene eingemachte Früchte wieder herzustellen.* Bekannt ist es, dass eingemachte Früchte, die kahmig zu werden oder zu verderben drohen, durch abermaliges Aufkochen vor gänzlichem Verderben zu retten sind, doch verliert man immer ein wenig an der Quantität, muss auch jedesmal immer etwas Zucker nachthun; es ist also sicherer, gleich das erste Mal mit gehöriger Sorgsamkeit zu verfahren. Weniger bekannt dürfte folgendes Verfahren sein, wonach schon sauer gewordene Früchte durch abermaliges Aufkochen mit einer Messerspitze voll gereinigter Pottasche auf jedes halbe Liter völlig wieder hergestellt werden. Blosse Beimischung der Pottasche soll auch schon helfen, doch weniger sicher. Ein wenig von der ursprünglichen Farbe geht indess verloren.

*Beispiel der Herstellung einer Marmelade.* Um eine Kirschenmarmelade z. Beispiele darzustellen, nimmt man 5 Kl. weisse Kirschen und 1 Kl. andre von der schwarzen, dicken, sehr zuckerreichen Art, entfernt daraus die Steine und bringt Alles auf's Feuer in einen Kessel mit 2 bis 3 Kl. Zuckersyrup, lässt es wenigstens acht Stunden auf starkem Feuer kochen, indem man mit einem Holzspaten fortwährend umrührt, um die Marmelade zu verhindern sich anzuhängen und erhält durch dieses einfache Verfahren ein Eingemachtes, welches Feinschmecker den besten Gelées vorziehen. Da das beständige Rühren einer grösseren Menge von Marmeladen oder Frucht-Gelées sehr lästig ist, so bedient man sich folgender einfachen Rührvorrichtung (Fig. 9). Oberhalb des Abdampfkessels, (der entweder in einem Wasserbade steht, oder aber mittelst Dampf erhitzt wird) wird das Rührwerk Fig. 9 aufgestellt, welches besteht aus den beiden Kronenrädern *K*, der Kurbel *M* und dem beweglichen Rührwerk *R*. Dieses letztere besteht aus einem Gitterwerk von Holzstäben und kann mit dem Brette, auf welchem es befestigt ist, aus dem Kessel gehoben werden.

*Früchte in Branntwein.* Hier sind noch anzureihen die conservirten Früchte in Branntwein. Wie bei den eingemachten Früchten (Conserven) erwähnt, müssen auch für diesen

Zweck die Früchte mit der grössten Sorgfalt ausgesucht und gebleicht werden. Sind die Früchte bei dem letzterwähnten Verfahren vollständig erkaltet und haben sie ihre Festigkeit und frühere Farbe soviel wie möglich wieder erhalten, werden sie aus dem kalten Wasser genommen. Man lässt sie auf einem Haarsieb abtropfen und bringt sie in Fässer, Krüge oder grosse irdene Gefässe, welche verdünnten Alkohol (Branntwein) von 53 bis 58 pCt., je nach der Natur der Früchte, enthalten, in den Keller. Nachdem die Früchte so ungefähr 6 Wochen in dem Branntwein gelegen haben, kann man den Zucker hinzusetzen. Zu dem Zwecke entfernt man sie aus den Gefässen, in welchen sie sich befinden, bringt sie sorgsam in Glasgefässe und bedeckt sie mit dem Saft, d. h. mit dem Branntwein, in welchem sie gestanden haben, indem man auf jeden Liter desselben 135 bis

Fig. 9.

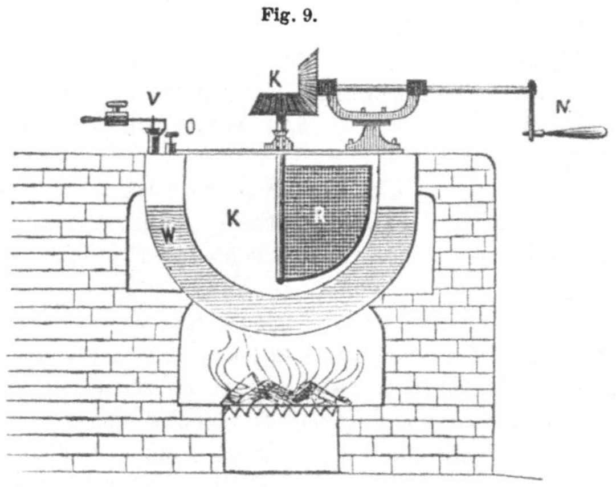


270 Gramm Zucker nach der Art der Früchte und der Qualität, welche man erhalten will, hinzusetzt. Im Allgemeinen dürfen die in Branntwein eingemachten Früchte, wenn man ihre Festigkeit und Farbe erhalten will, nur dem Bedürfniss entsprechend gezuckert sein. Die Gläser muss man mit einem angefeuchteten Pergamentpapier verschliessen oder mit Flaschenlack überziehen, unter die Korke ebenfalls Pergamentpapier legen. Die Gläser werden an einem mässig warmen Orte aufbewahrt und weder der Luft noch der Sonne ausgesetzt, da durch die letztere die Früchte schnell schwarz werden. — Die eben beschriebene Methode ist nicht die einzige, welche man anwendet; es giebt vielmehr noch eine, welche vortheilhafter

*fruits confits au sucre.*

wie die erstere aber auch theurer ist. Sie besteht nämlich darin, dass man die Früchte zuerst bleicht und ihnen alsdann einen oder mehrere „Façons“ Zucker giebt, wodurch sie von demselben durchdrungen werden, und deshalb keine so grosse Menge Branntwein in sich aufnehmen können. Durch diesen Process werden sie bedeutend schmackhafter und feiner. Man nennt die Bereitung der Zuckereinlage „Façon“. Um ein gutes Resultat zu erhalten, müssen die Früchte gerade richtig gebleicht sein; sind sie zu stark gebleicht, so werden sie sich in Mus verwandeln; bei zu schwacher Bleiche dagegen bleiben sie zu hart, da ihre Poren sich zusammengezogen und der Zucker daher nur unvollkommen in dieselben eindringen kann. Man bereitet nur einen schwachen Syrup von 12 ° Saccharometer, bringt ihn kochend auf die in einer Terrine befindlichen Früchte, deckt sie zu und lässt das Ganze 24 Stunden stehen, wiederholt dieselbe Operation noch einmal, indem man den Syrup bis 16 ° Saccharometer einkochen lässt und fährt so täglich fort, wobei man den Syrup jedesmal um 4 Saccharometer-Grade verstärkt, bis derselbe 36 ° zeigt. Diese Früchte heissen „fruits confites au sucre“.

Die Früchte, welche in Branntwein eingemacht werden, brauchen nicht vollständig „confits au sucre“ zu sein; im Allgemeinen sind drei Façons zur Bewahrung einer genügenden Festigkeit hinreichend.

Bringt man die Früchte in zu dicken Syrup, so verstopfen sich ihre Poren, sie schrumpfen zusammen und werden, statt sich mit dem Syrup zu tränken, hart. Ausser diesen Uebelständen gehen sie leicht in Gährung über, da sie beim Verstopfen der Poren inwendig Wasser- und Lufttheilchen behalten, welche mit der Zeit eine Gährung verursachen, wenn man sie, anstatt sie sofort in den Branntwein zu bringen, in dem Syrup aufbewahren wollte. — Die in Branntwein eingemachten Zuckerfrüchte werden mit einer hinreichenden Menge Saft umgeben, der auf 100 Liter 32 Liter Alkohol von 85 pCt. und 20 Kl. Zucker enthält. Sie können so ohne weitere Zubereitung in den Handel gebracht werden. — Wir lassen im Nachstehenden eine Reihe specieller Vorschriften folgen:

*Vorschriften zur Bereitung von Früchten in Branntwein eingemacht.*

Aprikosen. Man wählt die Aprikosen von hellgelber Farbe, wischt sie mit einem Tuche ab oder bürstet sie gehörig, um den Staub und das Wollige zu entfernen, welches sich auf der Oberfläche befindet. Alsdann durchsticht man sie bis zum Kerne in verschiedenen Richtungen mit einer feinen silbernen Nadel, bringt an die Stelle des Stieles einen kleinen Stift, nimmt den Kern heraus, ohne dessen Frucht zu zerreissen, um das Bleichen zu erleichtern, und bringt die so zubereiteten Früchte in ein kaltes oder besser noch in Eiswasser. Man schreitet jetzt zum Bleichen der Aprikosen und beobachtet dabei genau die vorher angegebenen Regeln. Will man die Aprikosen von schöner gelber Farbe erhalten, so setzt man zu dem ersten kalten Wasser etwas Pottasche (8 Gramm auf 20 Liter) und kühlt die Früchte mit alaunhaltigem Wasser (66,5 Gramm auf 100 Liter), um die Färbung zu fixiren. Will man dagegen sehr weisse Früchte erhalten, wie sie das Bleichen liefert, so genügt es zu dem letzten Kühlwasser die bekannte Menge Alaun hinzuzusetzen. Die so zubereiteten Aprikosen lässt man durch ein Haarsieb abtröpfeln, giebt ihnen eine oder mehrere Façons Zucker oder bringt sie einfach in den dazu bestimmten Gefässen in den Keller, im letzteren Falle bedeckt man sie mit Branntwein von 56 pCt. Nachdem die Früchte 6 Wochen macerirt haben, setzt man den Zucker zu, indem man sie in Gefässe bringt, welche mit folgendem Saft angefüllt werden:

Nussspiritus 2 Liter, Alkohol 85 pCt. 28 Liter, Zucker 28 Kl. 750, Wasser 53 Liter. Produkt: 100 Liter feiner Fruchtsaft.

Gewöhnlicher Fruchtsaft wird folgendermaassen bereitet:

Nussspiritus 2 Liter, Alkohol von 85 pCt. 24 Liter, Zucker 14 Kl. 375, Wasser 65 Liter.

Wenn die Aprikosen eine oder mehrere Façons Zucker erhalten haben, so bedeckt man sie mit dem alkoholigen, zuckerhaltigen Saft, von dem früher (auf Seite 67) die Rede gewesen, und setzt 2 Liter Nussspiritus hinzu.

Pfirsiche. Man wählt sich sehr schöne Pfirsiche vor ihrer Reife aus, bereitet sie ebenso wie die Aprikosen und bedeckt sie alsdann mit klarem Branntwein von 58 pCt. — Da die Pfirsiche sehr zart sind, so ist es schon schwerer, ihnen 2 Façon Zucker zu geben. Man kann übrigens diese und andere Kernfrüchte mit dem für die Aprikosen bestimmten Fruchtsafte zuckern.

Reine-Claude. Man nimmt sehr grüne und nicht angestossene, besonders süsse Pflaumen dieser Gattung, entfernt den Stiel und durchsticht sie bis zum Kern, bringt sie alsdann in kaltes Wasser und setzt zu dem fast kochenden Bleichwasser auf 30 Liter eine Hand voll Kochsalz und 8 Gramm Kupfervitriol, legt die Pflaumen in das Wasser und lässt sie bleichen. Sobald sie auf die Oberfläche kommen, nimmt man sie heraus und kühlt sie schnell ab und zwar in Alaunwasser, in welchem man sie 1 bis 2 Stunden liegen lässt, um das wenige Kupfervitriol, welches sie noch enthalten, aufzulösen und zu entfernen. Auf die so gebleichten, wieder grün gewordenen und abgekühlten Früchte wird klarer Branntwein von 53 bis 56 pCt. gegossen, je nachdem sie mehr oder minder fest werden sollen. Ein besseres Verfahren besteht jedoch darin, denselben vorher mehrere Façons Zucker zu geben.

Mirabellenpflaumen werden ebenso eingemacht wie die Aprikosen, durchstochen und der Stiel zur Hälfte abgeschnitten. Man bedeckt sie mit Branntwein von 56 pCt.

Zum Einmachen von Birnen in Branntwein wendet man speciell drei Sorten an: Rousseletbirnen, Englische und Beurré-Birnen. Die letzteren beiden Sorten sind am grössten und weichsten, die erstere hat aber einen feineren Geschmack. Alle drei Sorten werden folgendermaassen eingemacht: Man durchsticht die noch etwas grünen Birnen bis auf das Herz und lässt sie in dem heissen Wasser von 86° C. bleichen, sobald sie weich werden, legt man sie in das kalte Wasser und schält sie nach dem Erkalten mit einem, mit silberner oder versilberter Schneide versehenen Messer ab; um sie endlich vollkommen zu bleichen, werden sie von neuem in das kalte Wasser, welches einen Löffel voll Essigsäure oder den Saft von drei Citronen enthält, gebracht. Die Birnen können jetzt die Anzahl Zuckerfaçons, die man für nöthig hält, erhalten oder direkt in weissen Branntwein von 53 pCt. gelegt werden.

Seit einigen Jahren werden alte Birnen, welche ihre Weisse verloren haben, roth gefärbt, indem dieselben mehrere Tage in eine aus Kochenille und Persio bereitete Farbe gelegt werden.

Marronen. Man legt glatte Marronen mit einer kleinen Menge Wasser in einen Kessel, erhitzt dasselbe nur leicht und lässt das Ganze erkalten. Alsdann bringt man die Marronen in einen Liqueur aus 30 Liter Alkohol von 85 pCt. und 20 Kl. Zucker. Dazu setzt man, um 100 Liter Liquer zu bereiten, die hinreichende Menge Wasser, wobei das vorher zum Auflösen von Zucker benutzte Wasser verwendet werden kann.

Nüsse werden in gleicher Weise wie die Marronen behandelt und auch mit demselben Liqueur bedeckt.

Sinesen sind kleine unreife Citronen oder Bigaradpomeranzen. Man lässt sie in einem Kessel so lange kochen, bis sie weich sind, was man daran erkennt, dass man sie mit einer Nadel leicht durchstechen kann; hierauf bringt man sie in frisches Wasser und lässt sie in demselben unter öfterem Wechseln 3 bis 4 Tage stehen. Nach dieser Operation giebt man 7 Façons Zucker auf, indem man mit einem Syrup von 12° anfängt und ihn jedesmal um 4° verstärkt. Die so bereiteten Sinesen werden mit folgendem Liqueur bedeckt: Alkohol 85 pCt. 32 Liter, Zucker 8 Kl. 750, Wasser 55 Liter.

Pomeranzen, Feigen und Herzpfirsiche, Bisamcitronen werden in gleicher Weise behandelt. Angelikastengel, welche in Stücke von 27 bis 40 Millimeterlänge geschnitten werden, wie auch Ananas werden wie die vorstehenden Früchte bereitet.

Kirschen. 3 Kl. nicht ganz reife Kirschen, welche weder gequetscht noch angestossen sein dürfen, werden in Branntwein von 54 bis 56 pCt. 14 Tage lang macerirt, nach dieser Zeit die Flüssigkeit abgegossen und mit 2 Kl. Zuckersyrup von 12° vermischt. Andrerseits lässt man in 1 Kl. Branntwein von 56 pCt. digeriren: 4 Gramm zerkleinerte Gewürznelken, 16 Gramm Coriander, 16 Gramm Sternanis, 8 Gramm Zimmt und 2 Gramm Muskatnüsse.

Nachdem die Kirschen in dem alkoholhaltigen Zuckersyrup noch zum zweiten Male 10 Tage lang an der Sonne macerirt haben, wird die letztgenannte Mischung filtrirt, zugesetzt und die Kirschen nun in dem Ganzen 2 bis 3 Monate macerirt, ehe sie zum Gebrauche tauglich sind.

Sind Himbeeren reif, so kann man dem Ganzen auf je 3 Kl. Kirschen 500 Gramm Himbeeren zusetzen.

Für den Fall, dass die Farbe der Mischung nicht hinlänglich roth ist, setzt man etwas Persio hinzu.

*Conservirung mittelst Glycerin.* Bekanntlich werden frische Früchte in Glycerin gut conservirt. Nicht ganz reife Früchte werden blanchirt, d. h. mit Wasser bis zum nahen Sieden erhitzt, dann herausgenommen, gut ablaufen gelassen, mit erwärmtem concentrirtem Glycerin übergossen und zugebunden. Bei reifen Früchten wird selten blanchirt. Gut ist es, nach einiger Zeit das Glycerin abzugiessen und mit frischem Glycerin zu behandeln, ähnlich wie beim Einmachen mit Zucker. Das abgegossene Glycerin kann auf dem Wasserbade wieder eingedickt werden. Das gewöhnliche Glycerin ist häufig unrein; man verwende daher nur ganz reines Glycerin vom spec. Gewichte 1,25, welches ganz wasserhell und von rein süssem Geschmack ist.

Das Glycerin ist auch in der That zunächst ein Genussmittel, verdaulich, im Geschmack nicht vom Rohzucker zu unterscheiden, vor diesem aber als nicht gährungsfähiger, nicht austrocknender und unter gewöhnlichen Umständen nicht krystallisirender Zucker für viele Zwecke durch die genannten Eigenschaften bevorzugt. Jedem Bedenken, ob eine solche Verwendung des Glycerins zulässig sei, tritt die Erfahrung Pasteur's entgegen, dass Glycerin ein konstantes Produkt der Weingährung des Zuckers und somit ein Bestandtheil der geistigen Getränke ist. Wenn wir im Wein und Bier auch bei althergebrachter Darstellungsweise dieser Getränke regelmässig Glycerin geniessen, so schwindet ein grosser Theil der Bedenken, welche gegen die Verwendung des Glycerins gemacht werden können. In der That findet das Glycerin in offener oder versteckter Weise seine Verwendung in der Bierbrauerei und bei der Weinbehandlung, wie auch gegen seine Anwendung in der Liqueur- und Limonadenfabrikation, als Zusatz zu Branntwein, Essig und Senf nichts eingewendet werden kann. Manche Früchte, z. B. die Kronsbeeren, lassen sich mit Glycerin zu Conserven einkochen, welche noch leichter als Zuckerconserven gallertartig gestehen, von diesen durch den Geschmack nicht unterschieden werden und ihnen gegenüber den Vorzug grösster Haltbarkeit haben. Andere Früchte werden in Glycerin hart und ungeniessbar, vielleicht weil das so überaus hygroskopische Glycerin ihnen das Wasser zu vollständig entzieht.

Moullade wendet schon seit Jahren das Glycerin zum Conserviren der Fische mit schönen Farben an, welche, wenn auf gewöhnliche Art für Naturalien-Cabinette präparirt, bekanntlich ihre schönen Farben verlieren; — eine Conservirungs-Methode, wodurch derselbe Zweck und mit Beibehaltung der schönen Färbung der Fische erreicht wird, ist daher eine sehr erwünschte. Das Verfahren selbst ist nun nachstehendes: Zuerst werden aus dem Fisch alle Eingeweide ausgenommen, derselbe mit frischem Wasser ausgewaschen und hierauf eingetaucht in eine Lösung von 20 Gewichtstheilen Quecksilbersublimat in 100 Gewichtstheilen Glycerin; nach zweitägigem Einlegen wird der Fisch aus der Flüssigkeit herausgenommen und an der Luft abtropfen gelassen, hierauf wird derselbe mit einem farblosen Firniss überzogen und an einem gegen Luftzug geschützten Orte getrocknet. Offenbar ist das Quecksilbersublimat das Conservirungsmittel, und das Glycerin bedingt nur das leichtere Eindringen des Conservirungsmittels; Glycerin allein conservirt zwar auch die thierischen Körper, allein nur so lange diese in dem Glycerin eingetaucht bleiben; das Glycerin verhält sich in diesem Falle ganz ähnlich, wie Zuckersyrup, Melasse oder Honig, welche ja bekanntlich schon in den ältesten Zeiten zur Conservirung thierischer Körper (Fleisch) angewendet worden sind.

Anatomische und technologische Präparate lassen sich in Glycerin, mit oder ohne Zusatz von Phenol, unverändert aufbewahren.

E. Georges sucht Fleisch zu conserviren, indem er dasselbe in ein Bad aus 86 Theilen Wasser, 10 Theilen Kochsalz und 4 Theilen Glycerinsäure oder acide vineux taucht. Die Glycerinsäure George's wird durch Mischen gleicher Theile Salzsäure, Glycerin und Wasser dargestellt, acide vineux ebenso, nur ersetzt man die Salzsäure durch Alkohol. Die imprägnirte Substanz wird gepresst und dann mit einer Schicht Fett überkleidet.

*Aufbewahrung von Getreide.* Die Aufbewahrung der Kartoffeln, Gemüse u. dgl. m. in geräumigen trockenen Kellern, welche meistentheils unter den Häusern, jedenfalls aber unter der Bodenfläche liegen, ist Jedermann bekannt und benöthigt weiter keiner Erwähnung. Auch das Getreide wird in vielen Gegenden in trockenen Kellern oder dazu eigens eingerichteten Gruben aufbewahrt. Die in Spanien unter dem Namen Matamores bekannten Silos sind aus den Anfängen der Getreidegruben entstanden. — Ueber das Aufbewahren und Conserviren des Getreides sind seit einigen Jahren eine Reihe von mitunter sehr ingenieuser Vorschläge gemacht worden. Das gute, ausgetrocknete Getreide hält sich eigentlich auf unbestimmte Zeit. Beweis sind die Weizenkörner, die man bei egyptischen Mumien angetroffen hat und die nach mehr als 4000 Jahren noch ihre Keimkraft bewahrt haben. In unserem feuchten Klima dagegen ist durch den Klebergehalt die Gefahr des Verderbens gegeben, deshalb möchten auch bei uns ähnliche Anlagen nicht denselben Nutzen bringen, als in dem so äusserst trockenen Klima von Nordafrika.

In unseren gewöhnlichen Speichern ist aber das Getreide ausserdem noch den mannigfachsten Gefahren ausgesetzt. Abgesehen davon, dass man zur Lagerung von irgendwie beträchtlichen Mengen sehr grosser Räumlichkeiten bedarf, die der Feuersgefahr ausgesetzt sind, so sind auch die mannigfaltigsten Verluste durch Diebstahl, Ratten- und Mäusefrass kaum zu vermeiden. Zu den gefährlichsten Feinden des Getreides gehört aber ein scheinbar unbedeutendes Insekt, der Kornwurm. Diese Thiere, die auf Speichern nicht auszurotten sind, vermehren sich ungemein rasch und die Verluste, welche dieselben verursachen, können in einem Sommer die Höhe von 12 pCt. erreichen. Ausserdem befördern ihre Excremente sowie ihre absterbenden Körper und die angefressenen Körner sehr die Gährung. Sie sind einzig und allein durch eine starke Bewegung des Getreides zu vertreiben, da sie die Ruhe lieben. Das bis jetzt gebräuchliche Umschaufeln durch Menschenkraft erfordert viel Arbeitslohn und Raum und ist doch niemals vollständig genügend. Allein diesem Uebelstande wird nunmehr auf das beste durch die in Frankreich schon vielfältig angewendeten

*Drehbare Kornspeicher.*

drehbaren Kornspeicher abgeholfen. Dieselben bestehen aus einem 6 bis 10 Meter langen Cylinder mit einem Durchmesser von 4,5 Meter aus Eisenblech zusammengenietet. Er ruht mittelst einer starken eisernen Achse auf zwei starken, gezimmerten Achsenlagern. Diese ist umschlossen von einer fein durchlöcherten Röhre. Ebenso befinden sich in der äusseren Wand solche durchlöcherte Eisenblechtafeln. Das Innere des Cylinders ist durch Längs- und Querwände in verschiedene Abtheilungen getheilt, damit die verschiedenen Getreidearten abgesondert aufbewahrt werden können. Jede derselben ist durch eine Thür in der äusseren Wand zugänglich. Durch diese Oeffnung schüttet man das Getreide mittelst eines Tuches ein, oder lässt es ebenso in untergesetzte Säcke ausfliessen. Der eine der Böden ist am Rande gezahnt, und indem in diese Zahnung ein Kammrad eingreift, ist es möglich den Cylinder in eine langsame Umdrehung zu versetzen. Hierdurch wird zugleich ein Ventilator bewegt, der die Luft aus dem inneren Cylinder aufsaugt. Die Behälter dürfen nur zu zwei Drittel gefüllt werden, damit das Getreide übereinander fortrollen kann. Die Vortheile dieser Speicher sind nun folgende:

1. Sie sind absolut feuersicher.
2. Das unter Verschluss lagernde Getreide ist vor Dieben aller Art geschützt.
3. Die Kornwürmer werden sicher ausgetrieben. Die Kosten der Umdrehung belaufen sich gegen die des Umschaufelns, wenn Menschenkraft angewendet wird, wie 1 : 56, bei Dampfkraft wie 1 : 560.

4. **Das Getreide wird durch Ventilation getrocknet.**
5. **Staub und andere Unreinigkeiten werden abgetrieben und entfernt.**

*Winsbow's Methode der Getreide etc. Conservirung.* Die Anlagen sind nur 25 pCt. höher als bei gewöhnlichen Speichern. In einer Entscheidung des Richters Clifford am Vereinigten-Staatenhof in Angelegenheiten des von Isaac Winslow auf die Conservirung des frischen Getreides genommenen Patentes heisst es: Das Getreide oder irgend ein anderes Vegetabil werden möglichst frisch angesammelt, alles Fremdartige oder Unreife daraus entfernt, dann auf Kühlapparate gebracht, welche mit eiskaltem Wasser umgeben sind und so lange dort gelassen, bis es weiter in Arbeit genommen werden kann, was wie folgt geschieht. Man füllt damit so rasch als möglich Blechkisten, verschliesst dieselben hermetisch durch Auflöthen des Deckels, stellt sie in Wasserbad erhitzt eine halbe bis vier Stunden lang je nach der Natur der Substanz — verhältnissmässig trockene, wie Erbsen, Bohnen oder Getreide bedürfen längerer Erhitzung als sonstige, wie Liebesäpfel (tomatoes); denn diese gehören zu den am leichtesten zu conservirenden*). In einigen Fällen lässt man in dem Deckel des Gefässes eine kleine Oeffnung und schliesst dieselbe erst, nachdem der Wasserdampf daraus entwichen ist; dabei tritt aber noch die Modification ein, dass die kleine Oeffnung entweder schon gemacht ist, wenn das Gefäss in das Wasserbad gelangt, also vor dem Erhitzen, oder dass dieselbe erst gemacht wird, wenn das Erhitzen eine Zeit lang gedauert hat, oder dass dieselbe so lange offen bleibt als das Erhitzen dauert. Der Vorzug der Anbringung der kleinen Oeffnung erst nach dem Einsetzen in's Wasserbad und des Offenhaltens derselben bis zu dem Zeitpunkte, wo der Dampf daraus entweicht, ist ein mehrfacher. Vor allem wird die Luft daraus entfernt, ehe sie Zeit hat auf die Substanz einzuwirken. Schliesst man aber völlig und öffnet erst nach dem Heisswerden, so läuft man Gefahr, dass die eingeschlossene Luft die Kiste sprengt, ferner, dass diese Luft auf das Aroma der Substanz nachtheilig wirkt und deren Geschmack beeinträchtigt. Der grösste Vortheil des Lüftens ist aber, dass eine gelüftete und dann heiss verschlossene Kiste beim Erkalten sich zusammenzieht und deren Deckel einsinkt; so lange nun in der Kiste alles in Ordnung ist, bleibt der Deckel concav, tritt aber in ihrem Innern zufällig eine Art

*) Trotz des grossen Wassergehaltes?

Gährung ein, so wölbt sich der Deckel wieder nach aussen und wird, was man im Handel mit dem Namen „geschwollene Decke“ bezeichnet. Fleisch ist wegen seiner grösseren Neigung zum Verderben schwieriger zu conserviren und deshalb greift man bei ihm meistens zu gewissen chemischen Agentien, namentlich zu den schwefligsauren Salzen der reinen und erdigen Alkalien. Man setzt dieselben in sehr kleinen Mengen dem Inhalte der Blechkiste kurz vor dem Verschliessen zu und bewirkt dadurch einestheils die Absorption des darin noch vorhandenen Sauerstoffes und andrentheils die Tödtung etwaiger Infusorien. Auf wie lange sich die so verschlossenen Nahrungsmittel halten, weiss man noch nicht, aber es dürfte kaum einem Zweifel unterliegen, dass dies bis zu dem Momente der Fall sein wird, wo die Kiste eine äussere Verletzung erleidet.

*Benutzung von Chloroform und Schwefelkohlenstoff gegen Getreidewürmer.*

Garreau und später Doyère haben erkannt, dass die Dämpfe von Chloroform oder Schwefelkohlenstoff alle in einem Silos befindlichen Getreidehaufen frei von allen zerstörenden Insekten halten können. Es genügen 2 Gramm Chloroform pro Hektoliter Getreide.

*Dufour's Methode der Getreide-Aufbewahrung.*

Léon Dufour conservirt das Getreide in gewöhnlichen, trockenen, hölzernen Tonnen, deren gut schliessender Deckel mit einem Stein beschwert wird. Diese Tonnen werden reihenweise auf dem Speicher aufgestellt, vor zu starkem Licht, Hitze und Feuchtigkeit geschützt. Das in dieser Weise aufbewahrte Getreide ist völlig sicher vor allen Insekten, wie auch vor Ratten und Mäusen. Es wird nicht dumpfig und verliert nicht im Mindesten an seiner Keimkraft.

*Conserviren des Getreides nach Persoz.*

Persoz hat den Beweis geliefert, dass das dem Ansehen nach trockene Getreide dennoch eine gewisse Menge Wasser enthält, welches zwischen 8,5 bis 18,5 pCt. schwankt. Ist dann das Getreide in grossen Haufen, so kann das im Inneren desselben befindliche Korn sein Wasser nicht abgeben, schwitzt und ist vielfach der Grund des Verderbens.

Eine geringe Menge grobgepulverten Kalkes genügt um das Schwitzen zu verhindern, und zwar haben sich 60 Liter Kalkpulver auf 300 Hektoliter Getreide als genügend erwiesen.

Kalkt man schon im Keimen begriffenen Samen, so wird dadurch die Weiterkeimung gehemmt. Das Mehl von solchen Körnern besitzt keinen Beigeschmack. Vor dem Mahlen befreit

**man natürlich das Korn mittelst Sieben von der Kalkkruste ohne grosse Mühe, und der einzige Nachtheil, den das Kalken herbeiführen kann, besteht darin, dass es dadurch trocken wird, so dass es sich unter den Steinen nicht erst abplattet, sondern sogleich pulvert. Dies kann man aber dadurch verhüten, wenn man das Korn vor dem Mahlen, nachdem es vom Kalke gereinigt ist, in Wasser aufquellen lässt. —**

*Conservirungsmethode nach Appert.* Wir haben schon Eingangs erwähnt, dass das Leben der Thiere und Pflanzen nur bei einem genau bestimmten Wärmegrade ungefährdet bleibt, und dass sobald dieser Temperaturgrad überschritten wird, auch der Eintritt des Todes leicht erklärlich ist. Ein plötzliches Erwärmen ist jedoch weniger wirksam, als eine allmälige Steigerung der Temperatur. Erhitzt man also die zu conservirenden Nahrungsmittel so lange und auf eine so hohe Temperatur, dass die etwa vorhandenen Keime organischer Wesen getödtet werden, und hindert dann den Zutritt neuer, so müssen sich die Nahrungsstoffe unzersetzt erhalten.

Auf diesem Princip beruht die vorzügliche Methode, die von Appert im Jahre 1804 angegeben wurde. Die Nahrungsmittel: Gemüse, Fleisch, Kraftsuppen u. dgl. m. bereitet man wie gewöhnlich zu, füllt sie noch heiss in Blechbüchsen und lässt deren Deckel nun auflöthen. Eine Anzahl so vorbereiteter Büchsen kommt jetzt in einen Kessel mit siedendem Wasser und wird so lange darin erhitzt, bis man versichert sein kann, dass sich eine Temperatur von nahezu 100° C. im Innern der Gefässe verbreitet und einige Zeit gewirkt hat. Die geeignete Temperatur wird ziemlich rasch erreicht. Zwei Blechbüchsen, die eine $A$ von 12 Centimeter, die andere $B$ von 8 Centimeter Durchmesser wurden mit eben gekochten Buffbohnen (Vicia Faba) gefüllt und ins Wasserbad gebracht. Um das Thermometer einsenken zu können, mussten die Büchsen offen bleiben; sie waren also nicht ganz von siedendem Wasser umgeben. Die Anfangstemperatur in $A$ war 86° C.; nach viertelstündigem Aufenthalt im Wasserbade 91° C., nach halbstündigem 94° C. Das Wasser im Kessel zeigte 97° C. Die Anfangstemperatur in $B$ war 74° C.; nach einer Viertelstunde war dieselbe unter gleichen Umständen auf 92° C., nach $\frac{1}{2}$ Stunde auf 95° C. gestiegen. Gewöhnlich giebt man an, dass die Büchsen etwa 2 Stunden lang im Wasserbade bleiben sollen. In der Mehrzahl der Fälle möchte eine kürzere Einwirkung der Hitze genügen, vorausgesetzt, dass man die einzumachenden Speisen heiss eingefüllt und das Wasser im Kessel im Sieden erhalten hat. — Eine weitere Vorschrift besagt: Die Büchsen sollen beim Einmachen vollständig gefüllt werden. Diese Regel hatte Sinn, so lange man glaubte, dass der Sauerstoff der mit eingeschlossenen Luft die Verderbniss der Speisen veranlasse. Thatsächlich ist es vollkommen gleichgültig, ob die Büchsen ganz oder nur zum Theile gefüllt sind, wie sich Dr. Wilbrand oft überzeugt hatte. — Während des Kochens im Wasserbade hat man Gelegenheit zu beobachten, ob die Deckel ringsum gut verlöthet sind. Da, wo sich eine kleine Oeffnung befindet, treten Luftperlen hervor. Solche Fehlstellen müssen sofort mit Loth geschlossen werden. Ob die eingemachten Sachen vollständig gesichert sind, lässt sich nach einiger Zeit erkennen. Der Deckel von Büchsen, die gut geschlossen sind und in denen keine Zersetzung eingetreten ist, biegt sich in der Regel alsbald nach innen. Die Luft, die beim Einfüllen der heissen Speisen in dem Gefässe zurückbleibt, wird durch die Wärme ausgedehnt. Es entsteht also ein luftverdünnter Raum und bei der Abkühlung presst der Druck der äusseren Atmosphäre den Deckel herunter. Wenn die Büchse zwar gut verschlossen ist, ihr Inhalt aber dennoch in Verderbniss übergegangen, so findet man nach einigen Tagen den Deckel nach Aussen gebogen, weil sich bei der Zersetzung Kohlensäure entwickelt, deren Spannung in dem geschlossenen Gefäss nach und nach den Gegendruck der Luft überwindet. Solche Büchsen sind zu öffnen. Der Eintritt der Zersetzung kann nur daran liegen, dass die Temperatur, bei welcher die Ferment-Organismen absterben, nicht erreicht war, dass also entweder das Wasser im Wasserbade nicht gekocht hat, oder dass die Büchsen zu früh aus demselben entfernt sind. — So vorzüglich die Appert'sche Conservationsmethode ist, so sind doch einzelne Ausstellungen, die man gemacht hat, nicht ungegründet. Das Zu- und Auflöthen der Büchsen, auch die Kosten derselben, vertheuert die Speisen nicht unbeträchtlich; man ist beim Einmachen abhängig von der Arbeitszeit des Klempners, und man kann besonders auf dem Lande nicht überall dessen Hülfe haben. Es sind deshalb in neuerer Zeit von England her Steingutgefässe zum Einmachen in den Handel gebracht. Sie sind innen und aussen mit einer dichten, sehr widerstandsfähigen Kieselglasur überzogen. Vor Glasgefässen, die auch als Ersatz der Blechbüchsen vorgeschlagen worden sind, hat Steingut den Vorzug, dass es Temperaturveränderungen leichter erträgt, ohne zu springen. Der Hals dieser Gefässe verengt sich konisch nach unten. Zum Verschlusse dienen Deckel von lakirtem Weissblech, in deren Rand ein Gummiring eingeklemmt ist. Die Töpfe füllt man wie gewöhnlich, legt den Deckel auf die Oeffnung und zieht den Gummiring über den Hals, an den er sich wegen der konischen Verengung dicht anlegt. Nachdem nun die Deckel noch ähnlich wie bei einer Selterswasserflasche durch zwei kreuzweise übereinander gehende Drähte befestigt sind, kommen die Töpfe ins Wasserbad. Beim Erhitzen entweicht ein Theil der eingeschlossenen Luft in Bläschen zwischen dem Rande des Gefässes und dem Gummiring. Es entsteht mithin, da Luft von draussen nicht zurücktreten kann, ein luftverdünnter Raum. Der Gummiring ist beim Erkalten fest an den Hals angepresst und lässt sich nicht oder äusserst schwierig drehen. In diesem Verhalten bietet sich ein gutes Kennzeichen, ob die Speisen sich halten werden oder nicht. Ist durch irgend eine kleine Oeffnung Luft zurückgetreten, so sitzt der Deckel nicht fester als ursprünglich und der Eintritt der Verderbniss lässt sich voraussehen. Wenn man die Thongefässe vorher anwärmt und dann die Speisen heiss einfüllt, so dauert es kaum länger als bei Blechbüchsen, bis die Temperatur, bei welcher die Keime nicht mehr bestehen können, die ganze Masse durchdrungen hat.

*Fastier's verbessertes Appert'sches Verfahren.*

Fastier verbesserte das Appert'sche Verfahren in folgender Weise: Nachdem die Produkte in die Blechbüchse gebracht sind, löthet man den Deckel auf; in demselben ist eine sehr kleine Oeffnung angebracht, damit die während der Operation sich entwickelnden Dämpfe austreten können. Nachdem das Kochen, in einer Lauge von Chlorcalcium, beendigt ist und während die Dämpfe heftig durch die kleine Oeffnung im Deckel austreten, entfernt man die Büchse ein wenig vom Feuer und verschliesst sogleich mit einem Tropfen Loth die kleine Oeffnung des Deckels. Alsdann besprengt man die Büchse schwach mit ein wenig kaltem Wasser, dadurch verdichten sich die Dämpfe, es bildet sich im Inneren der Büchse ein luftleerer Raum und die im Inneren der Knochen eingeschlossene Luft wird sogleich in Freiheit gesetzt. Nach einiger Zeit entlöthet man die kleine Oeffnung im Deckel; man setzt die Büchse neuerdings dem Feuer aus, welches die darin etwa noch enthaltene Luft verdünnt und austreibt. Wenn der Dampf neuerdings durch die kleine Oeffnung des Deckels austritt, verschliesst man sie wie vorher mit einem Tropfen Loth. Nachdem die Büchsen auf diese Weise zwei bis dreimal der Wirkung des Feuers ausgesetzt waren, sind sie soviel als möglich luftfrei und die darin enthaltenen Substanzen können mehrere Jahre lang unverändert bleiben. Je grösser die Büchsen sind, desto stärker und fester muss das Metall sein, woraus sie bestehen; solche eignen sich daher auch besser zum Conserviren der Substanzen als die kleinen Büchsen, deren dünneres Metall oft Fehler vom Walzen zeigt, Risse, durch welche Luft eindringen kann. Diese Büchsen werden in stufenweise zunehmender Grösse angefertigt, so dass man sie nach dem Entleeren in einander stecken und folglich in einem kleinen Raum aufbewahren kann. Bevor man sie jedoch neuerdings benutzt, müssen sie verzinnt werden.

*Nasmyth's Conservirungsmethode.* Nach Nasmyth bringt man die Speisen in zinnerne oder weissblechene Büchsen und löthet den Deckel, auf welchem ein kleines offenes zinnernes Rohr sitzt, auf. Durch dieses Rohr giesst man in jede Büchse ein wenig Alkohol, stellt dann die Büchsen in Wasser und erhitzt dasselbe bis zum Kochen, wobei der in den Büchsen enthaltene Alkohol sich in Dampf verwandelt, der die Luft aus denselben austreibt. Das Erhitzen wird fortgesetzt, bis die aus den Röhren austretenden Dämpfe sich bei Annäherung einer Flamme entzünden und mit blauer Flamme brennen, worauf man die Büchse schliesst, indem man die Röhre entweder zusammendrückt oder zuschmilzt. Man kann auch zwei Röhren auf den Deckel der Büchse anbringen und die eine derselben, mittelst eines mit einem Hahne versehenen Kautschukrohres, mit einem Gefässe in Verbindung setzen, in welchem Alkohol gekocht wird. Der Alkohol-Dampf geht dann durch die Büchse und treibt die Luft durch das zweite Rohr aus. Sobald man annehmen kann, dass dies erfolgt ist, schliesst man den Hahn, setzt das Erhitzen der Büchse noch kurze Zeit fort und schliesst dann die beiden Röhren der Büchse, womit die Operation beendigt ist. — Zuweilen macht man die zweite Röhre länger und mit abwärtsgehender Biegung und taucht, nachdem die Dämpfe die Luft aus der Büchse ausgetrieben haben und der sie zuführende Hahn verschlossen worden ist, das Ende derselben in eine warme Leimauflösung oder dergleichen, die dann, wenn die Büchse etwas erkaltet, in dieselbe eintritt und die darin enthaltene Speise bedeckt. Dieses Verfahren ist besonders, um gekochtes Fleisch mit seiner Brühe zu conserviren.

*Jone's Conservirungsverfahren.* Nach Richard Jones werden zinnerne Gefässe mit dem rohen Material gefüllt, durch ein in den Deckel eingelöthetes Rohr mit einem luftleeren

Raume verbunden, der am leichtesten durch Einströmenlassen von Dampf und Abkühlen mit kaltem Wasser erzeugt wird. Hierauf werden sie nach Belieben in ein Bad von lauwarmem Wasser, das nach und nach zum Kochen gebracht wird, oder von Chlorcalcium, dessen Temperatur ebenfalls nach und nach bis auf 132° C. erhöht wird, gebracht. Der leere Raum dient dazu, alle Feuchtigkeit und die, die zerstörenden Keime enthaltenden Gase aus den gefüllten Zinngefässen aufzunehmen, nur muss nach der ersten halben Stunde das Feuer nur schwach erhalten werden. Die Dauer der ganzen Operation richtet sich nach den zu präservirenden Speisen. Das Verfahren gründet sich auf das wohlbekannte Naturgesetz, dass zwei Stunden einer Temperatur von 110—132° C. hinreichen, die Ursachen der Fäulniss, namentlich alle organische, lebende, mikroskopishe Keime in der Luft zu zerstören.

*Concentrirtes Roastbeef.* Clapp, Bridgemann & Co. zu Houston in Texas bereiten das präservirte Fleisch (Concentrirtes Roastbeef) in folgender Weise: Sobald das Thier getödtet ist, wird das Fleisch von den Knochen geschnitten, in einen Vacuum-Apparat gebracht, wo es durch seine eigene Abdampfung bis zu 40° C. abkühlt, alsdann in einen Ofen von circa 3,5 Meter Höhe gestellt, wo es einem Strome reiner warmer Luft von 160—180° C. drei bis vier Stunden lang ausgesetzt bleibt. Das Fleisch wird alsdann auf Platten von Eisenstäben gelegt, eins über das andere, und langsam durch eine Kette ohne Ende vom Gipfel zum Boden des Ofens getragen. Die Säfte von den oberen Platten tropfen auf das Fleisch der niederen, und wenn es den Boden des Ofens erreicht, hört das Tropfen auf und das Fleisch ist durch und durch gekocht, ohne nur einen Bestandtheil seiner nahrhaften Masse eingebüsst zu haben. Nun wird es fein gehackt, in Kästen gepresst und verlöthet. Die Kästen werden nachher in einem Bade siedenden Wassers erhitzt, so angestochen, dass sie Luft und Dampf auslassen, wiederum verlöthet und noch 3 bis 4 Stunden lang heiss gehalten, um irgend welchen Sauerstoff, der zurückbleiben möchte, zu binden. Der ganze Prozess bleibt ohne Unterbrechung und 10 Stunden nach der Tödtung des Thieres wird das Beef verpackt und verlöthet.

*Verfahren von Martin de Lignac.* Martin de Lignac zerschneidet das Fleisch in kleine Stücke, trocknet so viel als nur thunlich in einem 30 bis 35° C. warmen Luftstrom, schichtet und presst es dann in cylindrische Weissblechdosen, giesst jede mit halb concentrirter Fleischsuppe voll und, nachdem der Deckel aufgesetzt worden, erhitzt sie in einem Autoclaven bei 108 ° C. einige Zeit ausgiebig.

*Milchconservirung.* Unter den erquickenden und erfrischenden Nahrungsstoffen steht ohne Zweifel die Milch obenan. Dieselbe aber als solche auf weite Entfernungen hin zu versenden, hat bekanntlich in mehrfacher Beziehung seine grossen, zum Theile unüberwindlichen Schwierigkeiten. Anders gestaltet sich indessen dieses Verhältniss, indem wir

1. die Milch condensiren, d. h. das Wasser derselben oder ihre wässerigen Bestandtheile, die in der Regel gegen 88 pCt. betragen, möglichst entfernen, ohne dass dabei die Natur der Milch selbst wesentlich verändert werde, und

2. diese condensirte Milch gleichzeitig in einen Zustand versetzen, in welchem dieselbe dem Verderben widersteht. Nach Professor Dr. Trommer's vieljährigen Untersuchungen und Erfahrungen, die derselbe im Gebiete des Molkereiwesens gemacht hat, erreicht man dies auf folgende Weise: Die Milch, welche für diesen Zweck stets nur aus gereinigten, gewaschenen Eutern der Thiere gemolken werden darf, ausserdem aber auch noch sehr sorgfältig durchgeseiht werden muss, wird zunächst bis zum Kochpunkt über freiem, rauchfreiem Feuer erhitzt oder aufgekocht. Nach diesem wird die Milch noch einmal durch einen sehr feinen Durchschlag von Blech durchgeseiht und kommt dann in ein sogenanntes Wasserbad, wo sie unter Zusatz des gewöhnlichen raffinirten Zuckers, und zwar 100 bis 115 Gramm auf 1 Liter Milch, unter stetem und gelindem Umrühren bis zur Consistenz eines dickflüssigen Syrups eingedampft wird. Ein derartiges Wasserbad besteht aber lediglich aus einem gewöhnlichen kupfernen Waschkessel, in welchem ein zweites, mehr flaches Gefäss, das aus gewöhnlichem Weissblech verfertigt sein kann, eingehängt wird. Demnach muss der Durchmesser dieses Gefässes ungefähr 50 bis 80 Millimeter kleiner sein. Auch muss ferner das letztere mit einem besonderen, ringförmigen, 130 bis 138 Millimeter breiten Rande versehen sein, der so hoch angebracht wird, dass dasselbe ungefähr um $^2/_3$ in den ersten Kessel hineinragt und in diesem Rande, der auf dem Rande des äusseren Kessels fest aufliegen und mit diesem durch eine Zwischenlage von Tuch oder Leinwand und vermittelst einiger eisernen Klammern fest verbunden sein muss — zugleich seinen Träger findet. Im Fall der äussere Kessel Handhaben besitzen

*Darstellung der condensirten Milch.*

sollte, die dem Aufliegen oder Schliessen dieses vorspringenden Randes ein Hinderniss darbieten, muss selbstverständlich der letztere entsprechende Ausschnitte bekommen. Wird nun in den äusseren Kessel so viel Wasser gethan, dass seine Oberfläche noch einige Centimeter von der äusseren Fläche des Bodens des zweiten Kessels entfernt bleibt, und wird ferner, nachdem beide Gefässe möglichst dicht verbunden worden sind, Feuer unter dem ersten Kessel gemacht, so ist das für diesen Zweck verlangte Wasserbad hergestellt. Die Temperatur einer in dem inneren Kessel befindlichen Flüssigkeit, in diesem Falle der Milch, kann selbstverständlich niemals höher werden, als die Temperatur des Wassers oder seiner Dämpfe des äusseren Kessels; es kann daher von einem Anbrennen der Milch hier nicht mehr die Rede sein. Im Gegentheil, die Temperatur der in einem derartigen Wasserbade zu verdampfenden Milch ist in der Regel 12 bis 18° C. niedriger, als die des kochenden Wassers. Der Grund dieser Erscheinung liegt zum Theil in dem beständigen Umrühren der Milch, zum Theil aber auch darin, dass noch fortwährend, trotz aller Dichtigkeit, die man zwischen der Verbindung beider Kessel hergestellt zu haben glaubt, Wasserdämpfe aus dem äusseren Kessel entweichen. Dass aber unter diesen Umständen die Temperatur der zu condensirenden Milch in der Regel nicht höher steigt, als oben angegeben wurde, ist gerade ein Umstand, der ganz besonders zur Güte des Fabrikates beiträgt. Was zunächst das Grössenverhältniss des zweiten oder inneren Kessels des Wasser- oder Dampfbades anbetrifft, so richtet sich dasselbe, und zwar sein Umfang, allerdings nach dem äusseren Kessel. Indess muss der innere Kessel bei Weitem mehr flach als tief sein, indem die Verdampfung einer Flüssigkeit bei gleicher Temperatur eine um so grössere ist, je grösser die Oberfläche ist, welche dieselbe der Luft darbietet. Es muss indessen noch bemerkt werden, dass in diesem Falle ein sogenannter Steigraum von mindestens 100 Millimeter frei bleiben muss, indem sonst beim Umrühren der Flüssigkeit sehr leicht etwas von derselben verloren gehen kann. Während des Aufkochens der Milch muss das betreffende Wasserbad in voller Thätigkeit sein, um die heisse und noch einmal durchgeseihte Milch aufnehmen zu können, welche von jetzt ab ununterbrochen und regelmässig gerührt werden muss. Geschieht dies nicht, so bilden sich unlösliche Häute, was mehr oder weniger mit den Fett- oder Butterkügelchen verbunden ist. Das Umrühren selbst geschieht bei kleinen Mengen mit einem hölzernen Spaten, bei grösseren hingegen mit einer sogenannten hölzernen Krücke. Bevor der Zusatz des Zuckers geschieht, wird derselbe ein wenig geläutert; dies geschieht einfach auf die Weise, dass man denselben mit ungefähr der Hälfte seines Gewichtes Wasser eine Zeit lang kocht, abschäumt und die heisse Flüssigkeit durch Flanell seiht. Nachdem dieser flüssige Zucker bis auf mindestens 75° C. abgekühlt ist, wird er der Milch im Wasserbade zugesetzt. Der Zucker wirkt hier nur allein als Conservirungsmittel; denn dass derselbe zugleich auch einen süssen Geschmack ertheilt, ist hier Nebensache, um so mehr, als die Milch bereits ihren eigenen Zucker enthält, den sogenannten Milchzucker. Auch dürfte unter Umständen der Zusatz des raffinirten Zuckers die condensirte Milch vertheuern, da der Zucker bekanntlich theuerer ist, als die festen Bestandtheile der Milch. — Ohne Zucker hält es ausserordentlich schwer, selbst unter Beobachtung aller bis jetzt bekannten Conservirungsmethoden, die condensirte Milch gegen innere Verderbniss oder Zersetzung zu schützen. Auch lässt sich nicht wohl, um den Zweck der Condensirung vollständig erreichen zu können, jenes vor angegebene Verhältniss des Zuckers zur Milch bedeutend schmälern. Dagegen ist die Haltbarkeit einer nach dieser Vorschrift bereiteten Milch von der Art, dass es zur Aufbewahrung derselben gar nicht erst hermetisch verschlossener Gefässe bedarf. Das weiter unten angegebene einfache Verfahren der weiteren Aufbewahrung genügt vollständig. Im Verlaufe der weiteren Condensation der Milch hat man nur darauf zu achten, dass die Temperatur derselben niemals über 87,5° C. steigt. Eine höhere Temperatur würde die Güte des Fabrikates sehr beeinträchtigen. Man muss daher stets ein Thermometer in Gebrauch ziehen und, wenn es nothwendig sein sollte, durch Steuerung der Feuerung und fleissiges Umrühren die Temperatur-Verhältnisse zu reguliren suchen. Hat die Flüssigkeit den gehörigen Grad der Concentration erreicht, was man unter Anderem daran erkennt, dass dieselbe von dem Rührinstrument nicht mehr in einem dünnen Strahle oder tropfenweise abfliesst, sondern vielmehr in grösseren zusammenhängenden Massen herabfällt, so wird zugleich zur Füllung derselben in passende Gefässe geschritten. Diese letzteren bestehen einfach in Blechbüchsen, welche bekanntlich haltbarer als Glasgefässe sind, mit gut schliessbaren Deckeln versehen, deren Seitenwand höchstens 12 bis 16 Millimeter breit zu sein braucht. Die Grösse dieser Büchsen kann willkürlich genommen werden, indessen ist es zweckmässig, nicht unter $^1/_2$ Kl. und nicht über 1 Kl. Inhalt zu gehen. Was die Form anbetrifft, so ist am zweckmässigsten das Verhältniss des Durchmessers zur Höhe gleich $2^1/_2 : 4$ zu wählen, dabei ist nur noch zu erwähnen, dass dergleichen Büchsen und deren Deckel mit Sodalauge zuvor gehörig gereinigt sein müssen, und dass sie ferner kurz vor ihrem Gebrauche einige Secunden lang einer starken Hitze ausgesetzt werden, wobei jedoch das Zinn oder das Loth derselben nicht schmelzen darf. — Sind die betreffenden Büchsen bis zum Rande mit der condensirten Milch gefüllt, so bleiben sie bis zum vollständigen Erkalten (oder nur bis auf die gewöhnliche Temperatur von 19 bis 22° C.) ruhig stehen. Während dieser Zeit hat sich der Inhalt auf mehrere Millimeter zusammengezogen; der dadurch oberhalb der condensirten Milch entstandene Raum wird nun mit einer heissen concentrirten, geläuterten Zuckerflüssigkeit vollständig gefüllt, dann die Büchse sogleich mit dem Deckel verschlossen, der zuvor recht passend gemacht werden muss, und hierauf die Fuge zwischen Deckel und Büchse von aussen, so weit sie nämlich sichtbar ist, mit einem Kleister von Mehl und heissem Wasser zugestrichen. Dabei darf aber die Büchse niemals aus ihrer verticalen oder aufrechten Lage gebracht werden. Nach einiger Zeit wird dann noch ein, einige Linien breiter Papierstreifen, der mit einem ähnlichen dicken und heissen Kleister zuvor bestrichen worden ist, rings um jene Fuge gelegt. Ist dieser Verband gehörig trocken geworden, so kann die Büchse in jegliche Lage gebracht werden. Damit aber der Deckel ohne besondere Kraftanstrengung leicht abgenommen werden kann, so thut man wohl, wenn man den äusseren Rand der Büchse, so weit der Deckel überfasst, mit reiner, frischer, geschmolzener und wieder erkalteter Butter vor dem Verschliessen bestreicht. Die in der beschriebenen Weise aufbewahrte condensirte Milch hält sich vortrefflich, und ist dieselbe unter genauer Beobachtung aller hier mitgetheilten Vorsichtsmaassregeln bereitet, so bildet sie ein Fabrikat, das sich nicht allein mit kaltem oder warmem Wasser in jedem Verhältnisse leicht mischen lässt, sondern es unterscheidet sich ein derartiges Gemisch von einer frischen, zuvor aufgekochten, eventuel wieder erkalteten Milch durchaus in nichts Anderem als in seinem bedeutend süsseren Geschmack. Dies dürfte aber wohl schwerlich derselben zum Nachtheile gereichen.

Da in $^8/_{10}$ Liter der gewöhnlichen unverfälschten Milch 158,3 Gramm feste Milchbestandtheile angenommen werden können und die nach vorbemerkter Vorschrift bereitete condensirte Milch noch immer 25—30 pCt. Wasser enthält und ausserdem pro $^8/_{10}$ Liter 116,5 bis 133,3 Gramm Zucker genommen worden sind, so gehören selbstverständlich mindestens 333 bis 366,5 Gramm von dieser condensirten Milch dazu, um mit Hülfe von $^8/_{10}$ Liter Wasser eine Flüssigkeit zu erzeugen, welche $^8/_{10}$ Liter unverfälschter gewöhnlicher Milch in Betreff der eigentlichen Milchbestandtheile zu ersetzen im Stande ist. Spricht dieses Verhältniss auch keineswegs in ökonomischer Beziehung und unter den allgemeinen Verhältnissen zu Gunsten der condensirten Milch und lässt sich ferner dieses Missverhältniss nicht wohl wesentlich ändern, ohne dabei die Güte der condensirten Milch und ihre Haltbarkeit in Gefahr zu bringen, so dürfen wir nicht vergessen, dass doch Fälle vorkommen, wo die Milch zu den seltensten Artikeln gehört (z. B. bei Seereisen, Krieg u. dgl. m.) und mitunter selbst mit Gold kaum aufgewogen werden kann. Prof. Dr. Trommer verwendet, um möglichst eine fettreiche Milch gewinnen zu können, den grössern Theil der zu verarbeitenden Milch in Form von Sahne oder Rahm. Auf 1 Theil der Sahne nimmt derselbe 1 Theil frischer Milch: alles Uebrige geschieht wie oben. Die Fabrikation wird dadurch einfacher und kürzer. Zur Gewinnung der betreffenden Sahne bleibt die Milch nur 12 Stunden stehen, wobei natürlich ebenfalls die grösste Reinlichkeit beobachtet werden muss. Die Milchsatten werden zu dem Ende zugedeckt, und der Milch selbst auf je 10 Liter 16,5 bis 25 Gramm doppeltkohlensaures Natron in Auflösung zugesetzt.

Zur Darstellung von condensirter Milch wendet J. Gfall ein anderes, billigeres Verfahren an, als das vorbemerkte. Er erwärmt nämlich die Milch in einem Kessel auf 65 bis 70° C., pumpt sie dann durch Röhren, an deren Mündung eine gelöcherte Brause, ähnlich der einer Giesskanne, angebracht ist, und lässt so die gepumpte Milch strahlenförmig in den Kessel zurückfallen, während welcher Zeit die Wassertheile verdampfen. Das Verfahren wird so lange wiederholt, bis die Verdampfung vollständig ist.

In New-York hat Blatchfort eine Fabrik zur Verdichtung der Milch angelegt, in welcher folgendes Verfahren beobachtet wird: Zu 56 Kl. Milch werden 14 Kl. weisser Zucker und etwa ein Theelöffel voll doppelt kohlensaures Natron beigemischt. Man giesst die gesüsste Milch in emaillirte Pfannen und dampft sie im Wasserbade ein. In ungefähr drei Stunden gehen Milch und Zucker in einen breiartigen Zustand über. Durch beständiges Rühren und Wärmen wird die Milch in ein Pulver von Rahmfarbe verwandelt. Darauf setzt man sie zur Abkühlung der Luft aus, wiegt sie in Kilo ab und bringt sie vermittelst einer Presse von 10 bis 20 metrischen Centnern Druck in Tafelformen, die so gross wie ein kleiner Ziegel sind, in welcher Gestalt und mit Staniol überzogen dieselben in den Handel kommen.

Bethel hat aber auch dadurch Milch zu conserviren versucht, dass er derselben unter Druck Kohlensäure imprägnirte und in wohlverschlossenen Flaschen aufhob.

Mabru kocht und lässt wieder die Milch in luftleerem Raume erkalten und füllt sie unter Luftabschluss in Flaschen, welche gut verkorkt und verpicht werden. — Angesichts vieler Irrthümer, die sich in der Literatur über die Geschichte der condensirten Milch eingeschlichen, giebt E. N. Horsford in Dingler's Journal Band CCXX p. 539 einen Ueberblick derselben. Als im Jahre 1849 Horsford seine Arbeiten über Conservirung der Milch begann, war nichts, was sich auf den Gegenstand bezog, bekannt. Bei seinen Versuchen ging er von dem Gedanken aus, dass, wenn man die Molekularbewegung der Bestandtheile der Milch zu verhüten im Stande wäre, deren Zersetzung verhütet und sie süss erhalten werden könnte. So einfach als dies erscheint, so verging doch viel Zeit, ehe es gelang in Form einer Pasta, oder als ein trockenes, nicht hygroskropisches Pulver oder als eine zusammenhängende feste Masse ein Präparat darzustellen, welches den an ein Handelsprodukt gestellten Anforderungen wirklich entsprach. Eines der ersten Ergebnisse seiner Untersuchung war die Erkenntniss der Nothwendigkeit der Verdampfung bei niedriger Temperatur, deren Grund leicht einzusehen ist. Wird nämlich das Wasser bei einer so hohen Temperatur ausgetrieben, dass Dampfblasen auf dem Boden des Abdampfgefässes entstehen, so bleibt das Caseïn an dem Boden haften und die beginnende trockene Destillation verleiht der concentrirten Flüssigkeit einen nachtheiligen, wenn auch unbedeutend brenzlichen Geruch. Bei Zusatz von Zucker und der allmälig fortschreitenden Verdampfung des Wassers kann jeder gewünschte Grad von Zähigkeit erreicht und das Produkt als ein Teig oder als ein körniges Pulver oder als eine zusammenhängende Masse erhalten werden. Nach Feststellung der zwei hauptsächlichsten Erfordernisse der Verdampfung bei niedriger Temperatur und der als Zusatz erforderlichen Zuckermenge, überliess Horsford die Fortsetzung seiner Arbeiten seinem Assistenten Dalson, der einen Abdampfapparat construirte, bei welchem ein Luftstrom die Oberfläche der fortwährend umgerührten Flüssigkeit traf und ein Dampfmantel den Inhalt erhitzte. Dalson trat mit Blatchford und Harris in Verbindung, welche den Apparat im Fabrikbetrieb nutzbar machten. Blatchford verbesserte den Abdampfapparat, indem er dabei die Vacuumpfanne in Anwendung brachte, die vorläufige Beschreibung behufs der Erwerbung eines Patentes entwarf, aber ob Mangel an Mitteln das Patent nicht nahm. Fast zu derselben Zeit (August 1856) erhielt Gail Borden ein Patent für die besondere Anwendung der Vacuumpfanne zur Bereitung von condensirter Milch ohne Zusatz von Zucker. Bald darauf stellte Borden dieses Präparat dar und zwar Jahre lang, sowie in grossen Mengen in Form einer verdickten halbflüssigen Masse. Dasselbe war für einen verhältnissmässig baldigen Gebrauch bestimmt, wurde in nicht verlötheten Büchsen, sondern in offenen Kannen verschickt und wie die gewöhnliche Milch an die Abnehmer vertheilt. Erst in einer späteren Zeit lieferte Borden unter Zusatz von Zucker bereitete condensirte Milch in verlötheten Büchsen für Seereisen und als allgemeinen Handelsartikel in ansehnlichen Mengen. Horsford übergab also an Dalson die Ergebnisse seiner Versuche zur Darstellung von condensirter Milch mit Hülfe eines Zusatzes von Zucker und die Verdampfung bei niedriger Temperatur unter beständigem Umrühren und bei Luftzutritt; Dalson erfand einen Abdampfapparat zur fabrikmässigen Bereitung des Präparates für den Handel. Gail Borden dagegen hat das Verdienst, den Vacuumapparat zuerst mit Erfolg angewendet und in grösserem Maassstabe condensirte Milch ohne Zuckerzusatz, behufs des leichteren Transportes und zum unmittelbaren Gebrauche, aber ohne Verpackung in verlötheten Büchsen dargestellt zu haben. Wie schon erwähnt, setzte er erst später Zucker zu und verlieh dem Präparat durch Aufbewahren in verlötheten Blechbüchsen eine fast unbegrenzte Haltbarkeit. Sich selbst darf Horsford das Verdienst zuschreiben, als selbständiger Forscher die Bedingungen und Mengenverhältnisse der Substanzen festgestellt zu haben, unter welchen es später den Obengenannten gelang, die erste condensirte Milch mit Erfolg in den Handel zu bringen.

Der von Dalson construirte Apparat bestand aus einer runden flachen Pfanne. Die zu verarbeitende Substanz befindet sich in der kreisförmigen, mit einem Rande versehenen Vertiefung; ein Rührer und eine Walze erzeugen beständig eine neue Oberfläche auf der Flüssigkeit, so lange die Verdampfung dauert. Gleichzeitig und später wird beständig ein Luftstrom über die Oberfläche der Flüssigkeit angezogen oder zwischen der Pfanne und dem Deckel nach der Abzugsröhre hindurch gepresst. Das Erhitzen wird entweder durch den Dampfmantel oder durch Dampfröhren oder in einer anderen Weise bewerkstelligt. —

In England wurde am 6. Mai 1848 an Felix Louis ein Patent verliehen. Derselbe stellte feste Kuchen von condensirter Milch dar, indem er $^1/_{40}$ Zucker zusetzte und bei einer Temperatur von 80 bis 90° C. verdampfte. —

Am 13. November 1847 erhielt Thomas Shipp Grimwate für England ein Verfahren patentirt, welches darin besteht, dass die Milch im Vacuum bei einer niedrigen Temperatur von dem grössten Theile des Wassers, nach Zusatz einer kleinen Menge Salpeters, befreit und dann in Flaschen oder andere Gefässe, welche vorher luftleer gemacht wurden, gefüllt wird. Man bewahrt sie darin, vor Luftzutritt geschützt, auf und verdünnt sie zum Gebrauche mit soviel reinem Wasser oder mit einer anderen geeigneten Flüssigkeit, als bei dem Verdampfen abgeschieden wurde, so dass sie wieder als Nahrungsmittel verwendbar ist.

Am 7. Oktober 1847 liess sich J. M. de Lignac sein Verfahren für Frankreich und am 10. März 1848 für England patentiren. Dasselbe wurde von Payen warm empfohlen, wobei er sich über mehrere ältere Vorschriften ungünstig äusserte, so über die von Braconnot, bei welcher ein Theil der Milch verloren ging, über das Verfahren von Villeneuve, welches leicht die Abscheidung der Butter veranlasste, über das von Appert aus dem gleichen Grunde und über dasjenige von Robinet, weil es viel eher ein Laboratoriumsversuch, als eine technisch brauchbare Methode darstellte. De Lignac verdickte die Milch auf $^1/_5$ ihres Volumens unter beständigem Umrühren in flachen Pfannen, welche von einem Dampfmantel umgeben sind und die Milch in einer 2 bis 3 Centimeter hohen Schicht enthalten. Er setzte $^1/_{16}$ ihres Gewichtes Zucker zu und hielt die Temperatur auf 85,5 bis 90,5° C. Das Präparat hielt sich in offenen Gefässen 14 Tage lang und nach dieser Zeit wurde der innere Antheil nach Entfernung des äusseren noch gut und brauchbar gefunden. In dem englischen Patent war die Concentration der Milch auf $^1/_6$ ihres Volumens vorbehalten, der entstandene Schaum wurde mittelst eines Spatels verrührt und die an die Wände verspritzten Theilchen nicht in die zu concentrirende Flüssigkeit gekratzt, welche bis zur Honigconsistenz verdampft wurde. Nach dem 1843 patentirten Verfahren von Searle verdampft man die abgerahmte Milch auf einem Wasserbade, setzt $^1/_{40}$ ihres Gewichtes Zucker zu, um die Löslichkeit zu erhalten und stellt ein vollkommen trockenes Produkt dar. —

Im März 1835 las Grimauld vor der Akademie der Wissenschaften zu Paris eine Abhandlung über das Lacteïn. Er liess die Milch in einer dünnen Schichte über eine stark geneigte Platte fliessen und trocknete sie durch einen darüber geführten Luftstrom bis auf $^1/_{10}$ ihres Volumens ein. In einer Anmerkung in Dingler's polytechnischem Journal Band LXI p. 225 findet sich die Andeutung, dass Grimauld der fremde Erfinder sei, in dessen Interesse William Newton das nachstehende Patent sich auf seinen eigenen Namen ertheilen liess: „Bescheinigt am 11. März 1835 das Gesuch von einem Ausländer, eingereicht durch William Newton: Ich setze der Milch eine kleine Menge gepulverten Hutzucker und zwar $^1/_{15}$ bis $^1/_{100}$ ihres Gewichtes zu. Je nachdem das fertige Präparat einen höheren Grad von Süssigkeit erhalten soll, kann auch diese Menge grösser sein. Nach der vollständigen Lösung des Zuckers verdampfe ich die Milch ziemlich rasch — entweder in der Weise, dass mittelst eines geeigneten Apparates, wie er z. B. jetzt für die Verdampfung der Syrupe gebräuchlich ist, ein Strom kalter oder warmer Luft durch die Milch getrieben ist, oder durch Erhitzung von aussen in Verbindung mit einem luftleeren Raum über der Oberfläche, der in irgend einer jetzt bei dem Abdampfen gebräuchlichen Weise erzeugt wird.“ In dieser Beschreibung findet man zum ersten Mal verzeichneten Gebrauch der Vacuumpfanne bei der Darstellung von Milchextract. Der Auftraggeber von Newton benutzte sie oder beabsichtigte sie in einer so vollständig wissenschaftlichen Weise zu benützen, dass man jetzt zu glauben geneigt ist, es wäre nur ein wenig praktische Erfahrung nothwendig gewesen, um ihre Anwendung mit vollem Erfolg auszuführen. Doch es scheint die Sache wieder in Vergessenheit gerathen zu sein, ohne dass sie zu einer Prüfung in der Praxis gelangte.

Kirchhoff verdampfte die Milch zur Trockene und zerrieb sie dann zu einem Pulver. Mit Wasser angerührt, lieferte das Präparat eine der Milch zwar ähnliche, aber nicht ganz gleiche Flüssigkeit.

Gay-Lussac veröffentlichte 1830 seine Beobachtung, dass die Milch durch tägliches Erhitzen zum Sieden Monate lang unverändert erhalten werden kann.

Braconnot erhitzte 2,5 Liter Milch auf 45° C. und versetzte sie unter wiederholtem Umrühren von Zeit zu Zeit mit verdünnter Salzsäure, bis sich das Caseïn und die Butter von dem Serum (der Molke) vollständig abgeschieden hatten und das Letztere auf Lackmuspapier schwach sauer reagirte. Zu dem abgeschiedenen Gerinnsel setzte er in mehreren Antheilen 5 Gramme gepulvertes und crystallisirtes Natriumcarbonat und löste es rasch durch gelindes Erwärmen. Streng genommen ist das Verfahren von Braconnot keine Milchcondensirung, sondern nur eine Methode der Benützung ihres Caseïn und ihrer Butter zur Bereitung eines Ersatzmittels derselben, welches durch Zusatz von Zucker concentrirt und dann unverändert für den Gebrauch zu Kaffee oder zu anderweitiger Verwendung aufbewahrt werden kann.

Im Jahre 1826 liess sich Adolph Anaclet Malbec in Paris eine Erfindung von versendbarer Milch patentiren, über welche die Berichte des französischen Patentamtes folgendes enthalten: „Der Erfinder concentrirt die mit $^1/_{16}$ ihres Gewichtes von reinem Zucker versetzte Milch in einem silbernen Gefässe auf einem Wasserbade unter beständigem Umrühren mit einem Holzspatel, bis eine Probe auf einer kalten Fläche sich hart und spröde zeigt. Man lässt dann die Masse abkühlen, wickelt sie in Bleifolie ein oder versieht sie mit einem anderen Umschlage zum Aufbewahren. Sie hält sich Jahre lang, ohne zu verderben; bei dem Gebrauche löst man sie in heissem Wasser durch Erwärmen über freiem Feuer, in dem Verhältniss von 3 Unzen oder 6 Löffel voll in 13 Unzen Wasser.“ Von 1826 bis rückwärts 1791 enthalten die französischen Patentberichte kein Verfahren zur Darstellung von condensirter Milch. Es ist deshalb sehr wahrscheinlich, dass das Verfahren von Malbec vom Jahre 1826 das erste ist, welches die Milch durch Verdampfen unter Zusatz von Zucker haltbar zu machen sucht. Dasselbe war augenscheinlich ein Laboratoriumsexperiment und es wurde nicht versucht, es in dem grösseren Maassstabe des gewerbmässigen Betriebes auszuführen. Bei der Zusammenstellung der hierher gehörigen Arbeiten ist zu erwähnen, dass der landwirthschaftliche Verein zu Carlsruhe mehrere Jahre ein von Bremen stammendes Verfahren prüfte und empfahl, dessen Vorschrift also lautet: Man löst $^1/_4$ bis $^1/_8$ Pfund Zucker in je

1 Pfund Milch auf und verdampft dieselbe auf die Hälfte ihres Volumens. Die eingedickte Masse füllt man in Flaschen, verkorkt, befestigt die Stopfen mit Draht und erhitzt dann die Flaschen 2 Stunden lang in einem Kessel mit siedendem Wasser. Bei dem Gebrauche verdünnt man das Präparat mit dem gleichen Volumen Wasser.

Fadeuilhe schlägt vor, die Milch durch Erhitzen mit Dampf unter fortwährendem Rühren bei sorgfältig regulirter Temperatur von 71 bis 77 ° C. einzudampfen, nach dem Zusatz von geringen Mengen Zucker und arabischem Gummi. —

Mabru will die Milch mittelst eines Trichters, dessen Röhre bis auf den Boden des Gefässes reicht, in Flaschen füllen, um die Luft vollständig auszutreiben, dann mit einer Schichte Oel bedecken und erhitzen.

Ueberblickt man diese Angaben, so muss man vermuthen, dass der unbekannte Erfinder, dessen Verfahren sich 1835 W. Newton in England patentiren liess, Erfolg gehabt hätte, wenn er die nöthigen Geldmittel, Geschäftsgewandheit und namentlich die Geduld besessen hätte, sein Produkt dem Publikum so lange vorzuführen, bis es den Werth und die Brauchbarkeit der concentrirten Milch vollkommen erkannt hätte. In einem gewissen Sinne war die Erfindung eine verfrühte. Es scheint, dass fast Alle, welche die Milch durch Concentration haltbar zu machen suchten, den Zusatz von Zucker und die Verdampfung bei niedriger Temperatur unter Umrühren als wesentlich erkannt haben, um sowohl das Gerinnen des Caseïns an der Oberfläche, als auch die Abscheidung der Butter in Folge ihres geringen Volumgewichtes zu verhüten. Es war vielleicht ein besonders günstiger Umstand für E. N. Horsford, dass er im Vergleich zu den ihm in der Lösung der Aufgabe vorangegangenen Forschern der Zeit näher stand, in welcher die Erfindung durch die Bedürfnisse eines ausgedehnten Seehandels und die Nothwendigkeit von längeren Expeditionen hervorgerufen wurde.

F. S. Fröhlich in Christiania liess sich in England ein Patent auf das Präserviren von Milch geben, darin bestehend, dass man die Milch, in verzinnte eiserne Gefässe gebracht, bis auf — 17 ° C. abkühlt und dann zulöthet. Man packt sie dann, von Filz umgeben, in hölzerne Fässer, in denen man sie versendet. Der von K. Kraul gemachte Vorschlag, die Milch anstatt mit Zucker unter Zusatz von Glycerin einzudicken, scheint vorläufig unbeachtet geblieben zu sein, obgleich eine condensirte Glycerinmilch durch leichtere Handhabung und Vertheilung der übrigens guten Eigenschaften Vortheile vor der mit Zucker abgedampften haben würde.

*Conservirung des Fleisches mittelst Gerbsäure.*

Zur Conservirung des Fleisches hat Marle ein ganz eigenthümliches Verfahren benutzt. Nachdem das Thier ohne Lufteinblasen getödtet worden, wird dasselbe ausgenommen, jedoch nicht zertheilt. Man hängt dasselbe in einen eigens construirten Apparat, welcher luftleer gepumpt wird, und lässt dann Gelatinelösung einströmen, welche 80° C. warm ist. Das in dieser Art behandelte Fleisch kann man Jahrelang aufbewahren. Sicherer wird jedoch die Conservirung, wenn man das mit der Gelatinelösung imprägnirte Fleisch in eine Lösung von Tannin (20 Gramm Gerbsäure in 5 bis 6 Liter Wasser gelöst) taucht und einige Sekunden lang darin lässt, ehe man es trocknet. Durch diese Behandlung wird das Fleisch für Feuchtigkeit und Luft unzugänglich. Soll das Fleisch versendet werden, so verpackt man es zwischen trockene Sägespähne in Kisten.

*Conservirung des Fleisches mittelst Gelatine.*

Henry Bolleter will Fleisch dadurch conserviren, dass er dasselbe mit Gelatine, die durch ein Gemisch von $^2/_3$ Kochsalz und $^1/_3$ Salpeter fest gemacht worden ist, umgiebt, und dann in verschlossenen Büchsen aufbewahrt.

*Anwendung des Glycerinleimes.*

Die Fabrik Eisenbüttel bei Braunschweig empfiehlt Glycerinleim, wie er zu den Buchdruckerwalzen verbraucht wird, aber aus reinen Substanzen dargestellt, insofern als Conservationsmittel für Fleisch, eingemachte Früchte u. dgl. m., als die geschmolzene Glyceringelatine in dünner Schicht über die eingemachte Fruchtmasse ausgegossen wird, diese Schicht erhärtet und Luft und Gährungserreger abhält. Diese Schicht lässt sich leicht entfernen, wiederum im Wasserbade schmelzen und zu demselben Zwecke verwenden.

De Clermont berichtet über ein Verfahren der Conservation von Fleisch, welches darin besteht, dass man die zu conservirende Substanz in ein Gemisch von Leim und einer antiseptischen Substanz einhüllt. Zu diesem Behufe taucht man das Fleisch in eine Lösung von essigsaurer Thonerde, darauf in eine wässerige und warme Lösung von Tragantgummi, in welcher man es zwei Stunden lang lässt, und endlich in eine Gelatinelösung, welcher etwas essigsaure Thonerde zugesetzt worden ist. Zuletzt hängt man es etwa 24 Stunden lang in einen Strom trockener Luft auf und fängt dann die ganze Operation von vorn an, bis man glaubt, dass das Fleisch hinlänglich präparirt ist. (Kleine Mengen von salpetersaurer Thonerde dem Gemenge von Kochsalz und Natronsalpeter beim Pöckeln des Fleisches zugesetzt, sollen die Haltbarkeit des Fleisches wesentlich befördern.)

E. Jacobsen schlägt vor, frisches knochenfreies Fleisch kurze Zeit ins Wasser einzutauchen, um oberflächlich das Eiweiss gerinnen zu machen und dann im Luftzuge zu trocknen. Hierauf taucht man die Fleischstücke in eine warme starke, zum Schleimigmachen des Ueberzuges mit Glycerin versetzte Leimlösung, in welcher vorher etwa 1 pCt. Kalibichromat gelöst wurde, nimmt es heraus und bringt die Fleischstücke nach dem Erstarren in ein Bad aus einer schwachen (etwa 2procentigen) Lösung von Chromalaun, versetzt mit einer geringen Menge Carbolsäure. Das Kalibichromat wird von Leim in einigen Tagen zu Chromoxyd zersetzt und bildet dann eine vollständig wasser- und luftdichte Schicht; die nachträgliche Gerbung mit Chromalaun beschleunigt den Process an der Oberfläche der Leimschicht, die Carbolsäure coagulirt nicht nur ebenfalls den Leim, sondern würde auch Schimmelbildung verhüten und den Angriff von Insekten abhalten.

L. Mariotti will das Nämliche dadurch erreichen, dass er das Fleisch mit Leim überzieht und nachher mit Salz bedeckt.

*Conservirung des Fleisches mittelst Hausenblase.*

T. C. Slogget empfiehlt eine etwa 90° C. warme Lösung von Hausenblase in Essigsäure zu verwenden, am besten etwa 50 Gramm Hausenblase anf 1 Liter Essigsäure. Zu dieser Notiz bemerkt E. Jacobsen, dass, wenn Slogget mit der Conservirungsflüssigkeit bezweckt, dem Fleische einen luftabschliessenden Ueberzug von Hausenblase zu geben, die Essigsäure unnöthig erscheint, dass aber, soll die Essigsäure als Conservirungsmittel gelten, die Hausenblase unnütz erscheint.

*Fleischconservirung für den Armeegebrauch.*

Ueber Fleischconservirung für den Armeegebrauch spricht sich Dr. Otto Broxner wie folgt aus: Zum ersten Versuch gares Fleisch in Einbrennmehl zu conserviren, wurden 500 Gramm Ochsenfleisch (reiner Muskel) etwa zwei Stunden hindurch gedünstet; während des Kochens verlor das Fleisch 300 Gramm seines Gewichtes. Es wurde ferner aus 100 Gramm Mehl und ebensoviel Rindsschmalz ein hübsch gebräuntes Einbrennmehl bereitet, dasselbe mässig gesalzen und mit der Bratbrühe des gedünsteten Fleisches — welche vorher mit einer Lösung von 4 Gramm Gelatine in etwas Essig verdünnt worden war — angefeuchtet. Mit diesem

Einbrennmehl wurde das in zwei Stücke getheilte gare Fleisch in ein Becherglas fest eingedrückt, so dass das Fleisch allseitig von dem Einbrennmehl eingehüllt war. Das Becherglas, in welchem nach wenigen Stunden die ganze Masse fest zusammengebacken war, wurde mit gewöhnlichem Papier locker überbunden und an das einzige aber geschlossene Fenster einer niederen Dachkammer gestellt, deren niedrigste Temperatur während der Aufbewahrung 7,5° C. betrug. Dass die Dachkammer, in welcher getragene Kleider und Wäsche aufbewahrt wurden, der Conservirung von Fleisch durchaus nicht günstig war, zeigte sich an der Pilzbildung, die auf eingemachten Früchten und Gurken entstand, die auf demselben Gesimse mit dem zu conservirenden Fleische standen. Das nach 10 Wochen aus dem Becherglase herausgestochene und mit 80 Gramm des eingebrannten Mehles als Brühfleisch zubereitete Fleisch hatte weder in Bezug auf Consistenz, noch Farbe, noch Geruch oder Geschmack irgend welche Veränderung erlitten, es schmeckte eben wie Fleisch, das Tags vorher gebraten und dann in Brühe frisch aufgekocht war; also durfte der Versuch als gelungen betrachtet werden.

Zu einem zweiten Versuch wurden 100 Gramm fertig gedünsteten Ochsenfleisches (entsprechend 250 Gramm rohen Fleisches) mit einem Wiegmesser fein zerkleinert und das Gewiegte mit der Bratenbrühe, welche vorher mit einer Lösung von 6 Gramm Gelatine in etwas Essig verdünnt war, befeuchtet und mässig gesalzen. Dieses benetzte Fleischgewiegsel, mit einem aus 50 Gramm Mehl und ebensoviel Schmalz bereitetem, noch im Tiegel befindlichen, heissen Einbrennmehl gemischt, bildete rasch eine dickzähe, leicht knet- und formbare Masse, welche sich ebenso leicht als Wurst stopfen, wie in Tafelform bringen lässt. Zweifellos in Folge des höheren Leimzusatzes verhärtete diese Masse binnen 2 Stunden und wurde in geheitztem Zimmer aufbewahrt. Eine daraus mit Weissbrod bereitete Suppe war binnen einer Viertelstunde fertig und liess in Bezug auf Wohlgeschmack nichts zu wünschen übrig. — Der Vortheil dieses Conservirungs-Verfahrens besteht im Wesentlichen in folgendem: Der durch Luftabschluss conservirende Stoff, das Einbrennmehl, ist ein bewährtes und beliebtes Nahrungsmittel, das z. B. bei der österreichischen Armee reglementmässig eingeführt und leicht zu beschaffen ist; die Arbeit der Conservirung kann von Jedem ohne besondere Vorkenntnisse oder Uebung verrichtet werden, auch gehören keine besonderen Geräthschaften dazu; das Präparat kann in jedem beliebigen Gefäss, selbst in Papierhülsen aufbewahrt werden. Etwa marschunfähige lebende Thiere können im Felde jeden Augenblick in Fleischconserve verwandelt werden, dasselbe ist der Fall bei etwaigem Futtermangel oder beim Ausbruch von Viehseuchen, bei welchen auf diese Weise das Fleisch der gesunden Thiere für den Consum gerettet werden kann; conservirtes Fleisch gewährt durch seinen beim Kochen erlittenen Gewichtsverlust Transporterleichterung, nährt ebensogut und ist schmackhafter als das Fleisch ermüdeter und dann geschlachteter Thiere; auch wird die zum Kochen des frischen Fleisches nöthige Zeit für die Ruhe der Truppen gewonnen, da nur $^1/_4$ bis $^1/_2$ Stunde dazu gehört, die Fleischconserve zum Genusse fertig zu machen. Allerdings ist die Aufbewahrungszeit von 10 Wochen noch so kurz, dass noch nicht durch Erfahrung erprobt ist, ob das Präparat als Fleischconserve, die sich lange Zeit dauernd gut erhält, betrachtet werden darf, doch waren die Aussenverhältnisse dabei so ungünstig, dass wohl zu erwarten ist, das Präparat werde auch der Sommertemperatur widerstehen und sich viel längere Zeit halten. Dr. Broxner giebt für den Armeegebrauch dem durch den zweiten Versuch in Hachisform erhaltenen conservirten Fleisch den Vorzug. Wesentlich erscheint dem Dr. Broxner der Leimzusatz, da er den Leim nicht nur als Bindemittel zumischt, sondern meint, dass demselben eine bedeutende Rolle bei der Ernährung zukomme. Die Menge des zugesetzten Leims ist gering. Da zu befürchten ist, dass der Wohlgeschmack durch einen grösseren Zusatz beeinträchtigt werden könnte, doch ist vielleicht eine Vermehrung desselben statthaft, was durch weitere Versuche festzustellen ist.

*Arabisches Gummi als Conservirungsmittel.* Auch eine Lösung von arabischem Gummi lässt sich zur Conservirung von vegetabilischen Stoffen verwenden. Ein zwei- bis dreimaliges Eintauchen von Blumen und Früchten in eine Auflösung von arabischem Gummi soll dieselben während einer beliebigen Zeit vor dem Verderben schützen, wenn die kleine Gummikruste den Zutritt der atmosphärischen Luft vollständig ausschliesst; die kleinste nicht so geschützte Stelle aber, und wäre sie ein unsichtbares Pünktchen am Stiele, verhindert das Gelingen des Experiments; es versteht sich danach von selbst, dass, um die möglichst gleichmässige und vollständige Ueberziehung des zu schützenden Gegenstandes zu sichern, jede Eintauchung für sich getrocknet werden muss.

*Aufbewahrung von Früchten etc. mittelst einer Lösung von Guttapercha in Schwefelkohlenstoff.*

**Ein anderes Verfahren Früchte zu conserviren besteht darin, dass man denselben einen Ueberzug von Guttapercha in Schwefelkohlenstoff giebt. Beim Auflösen der Guttapercha bilden sich drei Schichten, von welchen man die mittlere nimmt. Die Früchte, welche conservirt werden sollen, müssen kurz vor ihrer vollständigen Reife gepflückt werden, dann bürstet man sie rein ab und taucht sie in Weingeist, wonach man sie in die gereinigte Guttapercha mehrmals eintaucht, wodurch sich ein brauner Ueberzug auf denselben bildet.** Die so bereiteten Früchte werden in einem Keller von höchstens 8 °C. Wärme aufbewahrt. Beim späteren Gebrauche schabt man den Ueberzug von den Früchten ab.

*Conservirung thierischer und pflanzlicher Stoffe mittelst Paraffin.*

Das von Dr. Piesse wieder in Erinnerung gebrachte Verfahren besteht darin, dass man die Früchte, Blumen und andere Pflanzentheile, oder auch Fleisch, einzeln in schmelzendes Paraffin taucht, sie etwas darin bewegt und schnell herauszieht. Sie werden dadurch mit einer dünnen Kruste von Paraffin überkleidet, welche die Luft abhält. Um so präparirtes Fleisch zuzubereiten, ist es nur nöthig, solches in heisses Wasser zu legen, wobei die Paraffinschicht sich ablöst und als Flüssigkeit an die Oberfläche steigt, um, vom Wasser getrennt, wieder von Neuem benutzt werden zu können.

*Schwefeln.*

Um Wein, Most, Cider, kurz zuckerhaltige Flüssigkeiten vor dem Verderben zu schützen, wendet man das sogenannte Schwefeln an. Diese Operation besteht darin, die Flüssigkeit mit gasförmiger schwefliger Säure zu imprägniren, durch Verbrennen des sogenannten Schwefeleinschlags. Dieser ist nichts anderes als Leinwand, welche in schmelzenden Schwefel eingetaucht worden ist. In einigen Ländern werden dem Letzteren aromatische Stoffe in pulverförmigem Zustande zugesetzt. Die Operation des Schwefelns wird in der Art vorgenommen, dass man in einem Fass drei bis vier Schwefelschnitte, je nach der Grösse des Fasses, verbrennt, und das Fass darauf anderthalb bis zwei Stunden gut zugespundet lässt. Nach dieser Zeit wird mittelst eines Blasebalgs Luft in das Fass eingetrieben. Diese Operationen werden mehreremals nach einander wiederholt. Auf ein Fass von 3,5 Hektoliter verbraucht man ungefähr 35 Stück Schwefelschnitte (Einschlag).

Der Einschlag wird gewöhnlich auf einen Eisenhaken aufgesteckt (Fig. 10), welcher entweder an einem Fassspund angemacht ist, besser aber durch einen gedrechselten conischen Holzspund durchgeht, so dass man denselben höher oder niedriger stellen kann. Viel empfehlenswerther ist jedoch der sogenannte Schweflungstiegel (Fig. 11), dessen Construction aus der nachstehenden Zeichnung zu ersehen ist. *C* ist ein irdener Tiegel, in dem runde kleine Löcher angebracht sind, mit *a* bezeichnet; der Tiegel ist an den Spund *B* mittelst dreier Eisendrähte befestigt, die unter dem Rande *C* und an dem unteren Ende des

Fig. 10. Fig. 11.

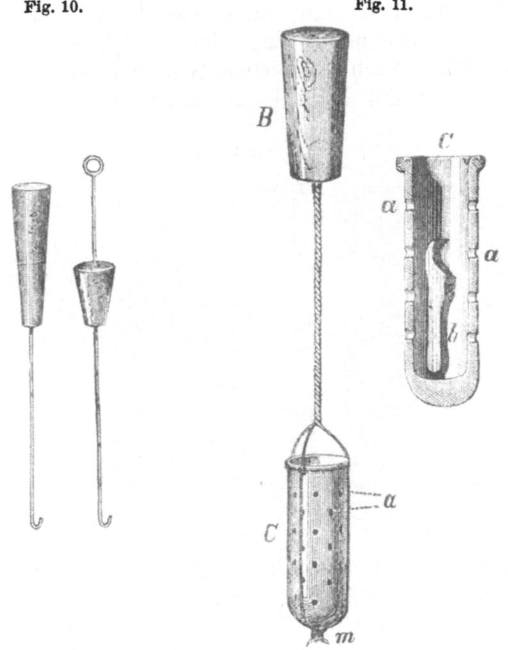


Tiegels zugedreht sind. Statt den gewundenen Draht an dem Spunde zu befestigen, kann man ihm auch oben eine Schleife geben, damit er nicht in das Fass hinabfalle, und man setzt dann den gewöhnlichen Fassspund auf. Bei diesem Tiegel kann nichts von der verkohlten Leinwand in das Fass fallen und auch der Rückstand des aromatischen Pulvers bleibt in dem Tiegel liegen.

Die Anwendung des Schwefels gründet sich darauf, dass derselbe beim Verbrennen, Sauerstoff anziehend, schweflige Säure bildet, welche von der im Holze befindlichen Feuchtigkeit aufgenommen wird, den Sauerstoff an dieselbe abgiebt und so durch seine Gegenwart die Essiggährung verhindert. Man findet deshalb in Flüssigkeiten, welche dem Schwefeln unterworfen waren, immer Schwefelsäure.

Soll das Schwefeln grosser Mengen von Flüssigkeiten vorgenommen werden, so ist es vortheilhafter sich nachstehenden, von Rozier empfohlenen Verfahrens zu bedienen. Die schweflige Säure wird aus reinem Schwefel in einem kleinen Ofen *A* aus Eisenblech entwickelt und durch das Rohr *B* in die grosse Holzkufe *C*, welche mit Wein, Most u. dgl. m. gefüllt ist, geleitet (Fig. 12). Nach beendetem Schwefeln wird die Flüssigkeit durch den Hahn *D* in Fässer abgeleitet.

Fig. 12.

In Spanien wird mit diesem Apparat, sowie in einigen Weingegenden des südlichen Frankreichs der Most stark geschwefelt und so für lange Zeit haltbar gemacht; derselbe besitzt dann einen starken Geruch nach schwefliger Säure und einen süsslichen Geschmack. Von diesem geschwefelten Most wird Weinen, welche man längere Zeit erhalten will, immer etwas weniges zugefüllt. Der Weinschwefel ist übrigens wahrscheinlich so alt, wie man Kenntniss vom Keltern und Bereiten des Weines hat; es wurde im Alterthum in ebenderselben Weise ausgeführt, wie heutigen Tages noch üblich ist.

Mathieu de Dombasle und Braconnot fanden die Verwendung der schwefligen Säure vortheilhaft beim Aufbewahren des Rübensaftes, besonders während der wärmeren Jahreszeit.

*Benützung der schwefligen Säure zum Conserviren von Fleisch.*

Lamy benutzte dieselbe Säure zum Conserviren von Fleisch, Obst u. dgl. m. Nach dessen Angaben wird das frisch geschlachtete Thier in einen passenden eisernen Kasten aufgehängt, derselbe luftdicht verschlossen und in denselben schweflige Säure (in Wasser gelöst) eingeleitet. — So lange das Fleisch sich in der Atmosphäre der schwefligen Säure befindet, bleibt es in völlig unverändertem Zustande, sowie aber die Luft Zutritt erhält, geht es sehr bald in Fäulniss über. Man darf also diese Kasten nicht früher öffnen, als bis man des Fleisches benöthigt. Dasselbe besitzt weder Geschmack noch Geruch nach schwefliger Säure. Statt derselben kann man auch schwefligsauren Kalk anwenden.

Die sämmtlichen Conservirungsmethoden, deren wir bis jetzt erwähnten, gründen sich alle auf den Abschluss der Luft, Entziehung von Wasser, Erniederung oder Erhöhung der Temperatur. Man erzielt aber ebenfalls gute Resultate, wenn man sich gewisser, unter dem Namen fäulnisswidriger oder antiseptischer bekannten Stoffe bedient, welche dadurch wirken, dass sie mit den in dem organischen Körper vorkommenden Stoffen in Verbindung treten, neue Verbindungen entstehen lassen, welche der atmosphärischen Luft Widerstand leisten können. Wir sehen hier gänzlich ab von der Anwendung der verschiedenen Stoffe, die zur Conservirung des Holzes Verwendung finden.

*Anwendung des Alkohols.*

**Anwendung des Alkohols.** Der Alkohol (Weingeist, Spiritus), Holzgeist, Fuselöl schützen organische Stoffe vor jeder Umänderung. Sie wirken wasserentziehend im höchsten Grade, wie sie auch das Albumin und andere stickstoffhaltige Stoffe coaguliren.

In Naturalienkabineten werden noch vielfach Thiere und Cadaver im Alkohol aufbewahrt, obwohl man in letzterer Zeit mit besserem Erfolge das Glycerin in Anwendung bringt.

*Anwendung des schwefelätherhaltigen Wassers.*

Bouchardat hat die Beobachtung gemacht, dass feine anatomische Präparate und andere organische Körper, die man ohne alle Formveränderung aufzubewahren wünscht, sich am besten in mit Schwefeläther gesättigtem Wasser, natürlich in luftdicht geschlossenen Gefässen halten. In dem Wasser löst man etwas Zucker oder dergleichen auf, um die Veränderung der Form durch Einsaugen des Wassers zu verhüten. Auch zu Macerationen anatomischer Präparate eignet sich das ätherhaltige Wasser vorzüglich, da es den mechanisch auflockernden Effect hat, ohne chemische Zersetzung zuzulassen.

*Benützung des Aethers zur Conservirung von Fleisch.*

Martin machte Versuche über die Wirksamkeit des Aethers und Anwendbarkeit zur Conservirung von Fleisch. Er brachte in sechs aus Weissblech angefertigte Büchsen rohes Ochsenfleisch und legte kleine mit Aether getränkte Bäuschchen von Baumwolle rings um dasselbe; dann wurde der Deckel aufgelöthet und die so vorgerichteten Büchsen auf einem mit Zinkblech beschlagenen Altane der Einwirkung der Sonnenstrahlen ausgesetzt. Nach drei Monaten wurden die Büchsen geöffnet; das Fleisch fand sich noch frisch und ebenso schön roth gefärbt, wie an dem Tage, an welchem es eingelegt war. Jedes Fleischstück wog 1 Kl.; es hatte sich keine Flüssigkeit ausgesondert; ebenso war die Form und das Gewicht aller Stücke unverändert geblieben. Das auf diese Weise condensirte Fleisch erleidet keine faulige Gährung; es ist stark mit Aether imprägnirt und der Geruch nach demselben bleibt selbst nach öfters wiederholtem Waschen mit kaltem Wasser. Im Suppentopfe gekocht, hinterlässt es beim Essen im Munde einen eigenthümlichen, wahrscheinlich von der Entstehung eines neuen Aethers herrührenden Geschmack; seine Fasern erscheinen lose, getrennt, ohne Consistenz; beim Kauen glaubt man eine Substanz, ähnlich wie Feuerschwamm (!) zwischen den Zähnen zu haben; was unseres Erachtens freilich nicht besonders zur Empfehlung des Verfahrens spricht.

*Verwendung von Chloral zur Conservirung.*

Taucht man Muskelfleisch, nach Vorschlag Personnés, in 10procentige Chlorallösung und lässt es dann trocknen, so verwandelt es sich in eine harte Masse, die vollständig das Aussehen des frischen Fleisches beibehält und an der Luft unveränderlich ist. Das Fleisch besitzt durchaus keinen Chloralgeruch, enthält aber bis zu 14 pCt. Chloral chemisch gebunden. Mit Albumin erhält man eine ähnliche Verbindung, die äusserlich dem Albumin gleicht, aber 12,56 pCt. Chlor oder 17,50 pCt. wasserfreien Chlorals enthält. Im Anschluss hieran bemerkt Gautier, dass sehr verdünnte Blausäure (0,1 pCt). thierische Stoffe vollständig conservirt.

*Anwendung aromatischer Stoffe.*

**Anwendung aromatischer Stoffe.** Die meisten Aromata, wie Kampher, ätherische Oele, Harze, Balsame u. A. m. geben gute Conservirungsmittel ab. Man kannte deren Wirksamkeit schon in den ältesten Zeiten, denn die ersten Einbalsamirungen von Leichen wurden, wie schon der Name darauf hinweist, mit Balsamen und Harzen vorgenommen.

*Pulver zum Einbalsamiren.* Die Vorschrift zur Bereitung eines Pulvers zum Einbalsamiren lautet folgendermaassen: Es werden gröblich gepulvert und gemischt

| | | |
|---|---|---|
| 25 Th. Aloë, | 25 Th. Benzoë, | 25 Th. Kalisalpeter, |
| 25 „ Rosmarinkraut, | 25 „ Salbeikraut, | 25 „ Thymiankraut, |
| 25 „ Pfefferminzkraut, | 25 „ Lavendelblüthen, | 25 „ Myrrhen, |
| 25 „ Nelken, | 25 „ Muskatnüsse, | 25 „ Ingwer, |
| 71 „ Kochsalz, | 93,5 Th. Galläpfel, | 93,5 Th. Eichenrinde. |

*Vorschriften zum Conserviren von Thierbälgen.* Zum Bestreichen ausgenommener Thierbälge wurde empfohlen:

*a*) eine Abkochung von

| | |
|---|---|
| 1 Theil brauner Chinarinde, | 1 Theil Granatrinde, |
| 1 „ Wermuthkraut, | 1 „ Tabaksblätter, |
| 1 „ Quassiaholz, | 1 „ Coloquinten, |
| 1 „ Enzianwurzel, | 1 „ Eichenrinde in |

36 Theile Wasser bis auf 30 Theile Flüssigkeit eingekocht, worin man dann 1 Theil Alaun löst.

*b*) eine Auflösung von 20 Theilen Alaun, 2 Theilen Kochsalz, 1 Theil Weinsteinpulver in 93,5 Theilen heissem Wasser.

*c*) Man übergiesst 4 Theile zerstossene chinesische Gallen und 4 Theile gepulverten Alaun mit 93,5 Theilen heissem Wasser, digerirt eine Zeit lang unter öfterem Umschütteln, wonach man filtrirt. Man wendet auch noch folgende Pulver zum Bestreuen der Thierbälge an:

*α*) Man zerkleinert 8 Theile Alaun, 2 Theile gewaschene Schwefelblumen, 1 Theil langen Pfeffer, 1 Theil Tabaksblätter, 1 Theil Sadebaumkraut, $^1/_4$ Theil Kampher und mischt hiernach.

*β*) Folgende Bestandtheile werden möglichst fein gepulvert und gemischt: 8 Theile Salmiak, 4 Theile gebrannten Alaun, 24 Theile gesiebte Tabaksasche, 1 Theil Aloë.

In welcher Art die chemische Wirkung der aromatischen Stoffe sich äussert, wäre äusserst schwierig zu erklären. Wahrscheinlich beruht die grösste Wirkung derselben in dem starken Geruche, welchen sie entwickeln und der die Insekten vertreibt, so dass sie weder Excremente noch Larven u. dgl. m. zu hinterlegen vermögen, welche wie ein Ferment wirken und dadurch die Zerstörung herbeiführen. Es ist sicher und bewiesen, dass *Aetherische Oele als conservirende Mittel.* Tinte, Leim, Saamen, also Stoffe, die sehr leicht schimmeln, sich lange Zeit in unzersetztem Zustande erhalten lassen, wenn man denselben einige

Tropfen eines stark riechenden ätherischen Oeles, z. B. Nelkenöl, Terpentinöl, Lavendelöl u. dgl. m., zumischt. Häute, welche mit einer Harz- oder Terpentinlösung bestrichen werden, schimmeln nicht.

William Gibson beobachtete, dass, als er ein offenes, mit Terpentinöl gefülltes Gefäss in eine zoologische Sammlung stellte, alle Insekten verschwanden und jede weitere Zerstörung aufhörte.

Fournell wendet statt des Terpentinöles das Qeuendelöl an, welches noch rascher wirken soll, wie das Terpentinöl.

*Naphtalin als Ersatz für arsenige Säure.* Bekanntlich wird zum Ausstopfen der Vogelbälge eine Mischung von sogenanntem weissen Arsenik (arsenige Säure) und Seife, dann Werg angewendet. Dass es wünschenswerth war, statt des Arseniks ein anderes Mittel zu finden, erscheint bei der Gefahr, welche damit verbunden ist, gewiss gerechtfertigt. Das Naphtalin eignet sich hierzu vortrefflich; Vogelbälge, welche damit in der unten angegebenen Art und Weise ausgestopft wurden, erhielten sich mehrere Jahre ganz gut und ohne die mindeste Veränderung. In vielen Fabriken wird das Naphtalin als Nebenprodukt gewonnen. Eine besondere Reinigung desselben ist zu obigem Zwecke nicht nöthig. Die Behandlung des Naphtalins zu diesem Zwecke ist ganz einfach. Dasselbe wird in Alkohol gelöst, dann mit der hinreichenden Menge Seifenpulver vermischt, dass ein dünner Brei entsteht, und auf die gewöhnliche Weise mit Hinweglassung der arsenigen Säure verfahren.

Die viel ätherisches Oel enthaltenden Saamen, wie z. B. Kümmel, Anis, Coriander u. A., schimmeln nie und verhüten auch das Schimmeln anderer Saamen, welche sich in deren Nähe gelagert finden; es ist auch bekannt, dass Fleisch, welches mit Wachholderbeeren eingelegt ist, sich lange Zeit in gutem Zustande erhalten kann.

*Anwendung von Säuren.* **Anwendung der Säuren.** Zu den am meisten benutzten Conservationsmitteln gehört ferner der Essig. In der Regel versetzt man ihn beim Einmachen von Obst mit Zucker, von Gurken mit Salz, Senfsamen, Gewürzen, mit Stoffen, welche, abgesehen von ihrem Einfluss auf den Wohlgeschmack, die Wirkung des nicht sehr starken Handelsessigs unterstützen. Auch Fleisch wird in den Haushaltungen durch Einlegen in Essig für einige Zeit wenigstens vor dem Verderben geschützt. Da aber hierbei wichtige Bestandtheile ausgezogen werden, so ist es vortheilhafter, das Fleisch nur dem

Dampf von Essigsäure auszusetzen. Zu dem Zweck giesst man etwas starken, sogenannten Eisessig auf den Boden einer Suppenschüssel und legt das Fleisch auf ein Holzgestell darüber. Um das Entweichen der Dämpfe zu hindern, muss man die Schüssel gut bedecken.

*Bereitung von in Essig und Gewürz eingemachtem grünen Gemüse (Pickles).*

Bekanntlich verdanken die, meist von England herüberkommenden, in Essig und Gewürz eingemachten grünen Gemüse (Pickles) ihre glänzenden grünen Farben einem oft nicht unbeträchtlichen Kupfergehalte. Um die natürliche grüne Farbe des Gemüses auf unschuldigere Weise zu conserviren, empfiehlt das Rép. de Chim. appliq. das Gemüse in einem schwach alkalischen Bade aufzukochen, sei es mit einer Lösung von Soda, Kalkwasser, Zuckerkalk, oder Ammoniakflüssigkeit; von letzterer nimmt man 1 Gramm auf 1 Liter Wasser.

Eine andere, noch viel zu wenig bekannte Methode besteht darin, dass man das grüne Gemüse (Gurken, Schotenkerne, Schneidebohnen u. s. w.), mit kochend heissem Wasser übergiesst, kurze Zeit stehen lässt, das Wasser abseiht und abtropfen lässt, dann in irdenem Geschirr mit kochendem Essig übergiesst; dies wiederholt man so lange, bis die ursprüngliche grüne Farbe wieder hergestellt ist, dann giesst man den Essig ab und ersetzt ihn durch neuen gewürzten Essig.

Folgende Vorschrift zu den sogenannten Mixed-Pickles giebt ein Fabrikat, welches dem echt englischen an Güte nicht nachsteht, ohne die Schädlichkeit der meisten derselben zu theilen:

1. Gewürzessig dazu: 66,5 Gramm schwarzer Pfeffer, 33 Gramm Ingwer, 33 Gramm Kochsalz, 16,5 Gramm englisches Gewürz, 0,8 Gramm Cajennepfeffer, etwas Estragonblätter und 1 Schote reifen türkischen Pfeffers werden mit 1 Liter stärkstem Weinessig schwach zum Sieden erhitzt, einige Stunden lang digerirt und dann durchgegossen. 2. Zubereitung des Gemüses: Pfeffergurken, junge Schoten und Schneidebohnen, Schotenkerne, Scheiben grösserer Gurken und einige unreife grüne Schoten von türkischem Pfeffer werden wie oben mit Salzwasser und Essig behandelt; ebenso die übrigen nicht grünen Zuthaten, als Chalotten, Perlzwiebeln, Blumenkohl, Rettig, Selleriewurzel und Mohrrüben, in Stängelchen zerschnitten, unreife, junge Maiskolben und Scheiben von jungen Kürbissen oder Melonen. Zu den so behandelten Gemüsen fügt man, je nach der angewendeten Menge, eine Mischung aus 1 Theile schwarzen Senf,

6 Theilen weissen Senf, 1 Theile englischen Gewürz, 2 Theilen Kochsalz, $^1/_2$ Theile Curcuma, $^1/_2$ Theile Gewürznelken, sowie einige Schoten reifen türkischen Pfeffers, und übergiesst das Ganze mit einer genügenden Menge des oben angegebenen Gewürzessigs. Zu bemerken ist noch, dass, je jünger das grüne Gemüse in Gebrauch gezogen wird, um so schöner und lebhafter die grüne Farbe desselben erscheint und bleibt.

Aber nicht nur der Essig oder richtiger die Essigsäure, sondern auch die mineralischen sowohl wie auch die organischen Säuren wirken in ähnlicher Weise. Fast unverwüstlich

*Holzessig als Aufbewahrungsmittel von Fleisch etc.*

wird das Fleisch durch Aufbewahren in brenzlichem Holzessig, und ist dies vortreffliche Mittel nicht genug zu empfehlen. Schon durch mehrmaliges Eintauchen und Einreiben mit demselben, dann Einschlagen in dicke Leinlappen und Vergraben in Kasten mit feuchtem Sand gefüllt, hält es sich sehr lange.

*Verwendung des Kreosot's.*

Zum Schutz des Fleisches bietet sich endlich noch ein treffliches Mittel im Kreosot und im Phenol, von denen sich ersteres bei der trockenen Destillation des Holzes, vorzüglich des Buchenholzes, bildet, während das letztere im Steinkohlentheer vorkömmt. Der bei der Verbrennung aufsteigende Rauch und der sogenannte Holzessig enthalten geringe Mengen von Kreosot. Ihm ist neben der Austrocknung die Wirkung des gewöhnlichen Räucherns sowie die der Schnellräucherung zuzuschreiben. Bei letzterer werden die Fleischwaaren mit Holzessig überstrichen und dann einfach zum Trocknen hingehängt. In neuerer Zeit hat sich die Anwendung brenzlicher Stoffe zur Conservation sehr wesentlich erweitert. Fleisch, das man in eine nur $^1/_2$ procentige Lösung von Phenol eingetaucht hatte, liess sich Monate lang in geschlossenen Gefässen aufbewahren. Von frischem Fleische unterschied es sich nur durch etwas Rauchgeschmack. Auch ist vorgeschlagen, zum Versandt bestimmte Fleischstücke zwischen Holzkohle zu verpacken, die mit Phenollösung benetzt ist. Beide Methoden haben besondere Bedeutung für die fabrikmässige Darstellung von Fleischconserven und für den Handel. Aber auch in jedem Haushalt kann man Vortheil aus dem fäulnisswidrigen Verhalten des Kreosots ziehen, indem man gewissermassen eine Rauchkammer im Kleinen einrichtet. Diese besteht aus einem überall gut schliessenden Kasten, in welchem ein Teller mit einigen Tropfen Kreosot aufgestellt wird. Der

Kasten füllt sich nach und nach mit Kreosotdämpfen, welche die eingelegten Fleischstücke vor jeder Verderbniss bewahren.

B. Igel empfiehlt statt der Anwendung von Spiritus, der leicht verdunstet, Fett und gefärbte Stoffe aus den anatomischen Präparaten auflöst, trüb und undurchsichtig wird und bei Abkühlung einen Theil der gelösten Stoffe abscheidet, eine Lösung von krystallisirter Carbolsäure in 100 Theilen Wasser, die auch noch den Vorzug grösserer Billigkeit hat, anzuwenden. Das Gefrieren des Wassers im Winter lässt sich durch einen Zusatz von Glycerin vermeiden.

*Phenylsäure in Verbindung mit Kampher.* Durch den Contakt der Phenylsäurekrystalle mit Kampher bildet sich eine ölige und dichte Substanz, welche man in einer hinreichenden Menge von mit Zinnober gefärbtem Petroleum löst. Bufaline empfiehlt folgende Lösungsverhältnisse: Phenylsäure und Kampher circa 70 Gramm und Petroleum 200 Gramm; oder Phenylsäure und Kampher circa 130 Gramm. Diese Flüssigkeit injicirt man in den Cadaver, oder taucht in dieselbe die Theile, die man conserviren will. Die bereits lange conservirten Präparate werden wieder weich und biegsam, wenn man sie in laues Wasser bringt. Bei dieser Einbalsamirungs- und Conservirungsmethode existiren keine Intoxicationsgefahren, und die Instrumente werden nicht angegriffen.

Die von Vafflard angewandte Methode der Conservirung von Leichnamen besteht darin, dass man den Leichnam mit einem Gemisch von 4 Kl. halb gereinigter Carbolsäure und 16 Kl. Sägespänen umhüllt. Derselbe wird in dem Sarge zunächst auf eine 4 bis 5 Centimeter hohe Schicht dieses Gemisches gebettet und dann mit diesem Gemisch völlig überschüttet. Diese Methode lässt sich sehr gut in forensischen Fällen benützen; andererseits dürfte sie die alte Methode der Einbalsamirung ersetzen. Jedenfalls wird eine Mumificirung erreicht.

*Kreosotsalz.* Zur Conservirung von Fleisch, Fetten und Fischen empfiehlt Krönig Kreosotsalz, d. h. eine Mischung von 30 Gramm Kochsalz mit 1 Tropfen Kreosot (aus Holztheer). Werden zu 50 Gramm geschabtem Rindfleisch 3 Gramm Kreosotsalz hinzugefügt und damit gut vermengt, so lässt sich die erhaltene Menge weder mit der Zunge noch mit dem Auge von wohlschmeckendem geschabten Schinken unterscheiden. Bei diesen Verhältnissen kämen also auf 10000 Theile Fleisch 1 Theil Kreosot. Eine solche „Augenblicksräucherung“ wie sie Krönig nennt, wäre auch für Schinken, Speck und anderes

Rauchfleisch durch Kreosotsalz an Stelle des gewöhnlichen Kochsalzes zu verwenden; das Kreosotsalz liesse sich vielleicht im Kleinhandel einführen. Mit Hülfe dieses Salzes, meint Krönig weiter, liesse sich auch Fleisch in Australien, Amerika etc. conserviren und nach Europa bringen. Dazu solle das magere Fleisch durch Hackmaschinen zerkleinert, mit Kreosotsalz versetzt und in natürliche oder künstliche Därme gefüllt werden. Die erhaltenen Würste liessen sich wahrscheinlich in Fässer oder Kisten fest aufeinander gepackt transportiren, vielleicht auch das ohne weiteres in Fässer gepackte mit Kreosotsalz gesalzene Fleisch. Krönig meint, es liesse sich auch wohl das mit Kreosotsalz versetzte transatlantische Fett in Därme verpackt conserviren und transportiren. Schliesslich schlägt er vor zu versuchen, Fische in rohem, halb oder ganz gekochtem Zustande, vom Rückgrat und den hierin auslaufenden Gräten befreit, mit Kreosotsalz zu einer wurstartigen Masse verarbeitet, in Därme oder in Flaschen eingebracht zu conserviren und zu verschicken, oder die ganzen Fische in Fässern mit Kreosotsalz zu verpacken, oder mit Kreosotsalz zu behandeln und dann zu trocknen, um sie in solchem Zustande zu verschicken. Die Conservirung von Fleisch etc. mittelst Kreosotsalzes mag als Schnellräucherung für häusliche Zwecke ganz vortheilhaft sein, für Zwecke der Conservirung und des Transportes transatlantischen Fleisches wird sie nicht anwendbar sein, wenn nicht Sorge dafür getragen wird, dass dem Fleische vorher durch gleichmässiges Austrocknen möglichst viel Wasser entzogen wird. Bei dem angenommenen Verhältniss von einem Theil Kreosot zu 10000 Theilen frischem Fleisch dürfte von einem längeren Conserviren des letzteren nicht die Rede sein, nehme man aber einen grösseren Zusatz von Kreosot, so würde das Fleisch für unsern Gaumen nicht mehr geniessbar erscheinen. Möglich, dass man, um den Vorschlag, das Kreosotsalz im Grossen zur Conservirung von Fleisch u. s. w. zu verwenden, praktisch zu verwerthen, so verfahren müsste, dass zunächst das in geeignete dünnere Lagen zerschnittene Fleisch schwach mit Kreosotsalz eingerieben in Kammern aufgehängt würde, durch welche ein continuirlicher Strom erwärmter trockener Luft geführt wird und wenn dann das Fleisch den nöthigen Grad der Trockenheit angenommen, nochmals mit Kreosotsalz eingerieben, in Fässer gepackt werden müsste. Das Kreosotsalz hätte für den vorliegenden Zweck vor dem Holzessig den Vorzug, dass es leicht an Ort und Stelle angefertigt werden könnte und nicht wie der

Holzessig das Fleisch wieder veranlasste, Feuchtigkeit, wenn auch nur oberflächlich, aufzunehmen.

Um thierische und pflanzliche Stoffe zu conserviren, bringt J. J. Bengough auf den Boden der Gefässe, in denen die Substanz aufbewahrt werden soll, Borax oder Borsäure, löthet den Deckel, der mit einem kleinen Loche versehen ist, auf, kocht einige Zeit, führt dann durch die Oeffnung noch mehr Borax oder Lösung von Borsäure ein, schmilzt das Loch zu und erwärmt das Gefäss noch auf einige Minuten.

*Verwendung der Borsäure von Lindemann.* Zum Conserviren organischer Stoffe liess sich Lindemann für England die Anwendung von Borsäure und deren Verbindungen patentiren. Lindemann will Fleisch durch Einspritzen einer gesättigten Borsäurelösung in kaltem Wasser (1 Theil Säure in etwa 26 Theilen Wasser) und Ueberstreuen mit gepulverter Borsäure conserviren, Leichen durch Injection gesättigter Lösung von Borsäure in Benzol (?)*), Zeugstoffe durch Eintauchen in eine gesättigte Lösung von Borsäure, in schwefelsaure Magnesia oder in eine Appreturmasse, die 1 pCt. borsaures Zinkoxyd enthält. Hirschberg hat Borsäure als Mittel gegen das Säuren der Milch angewendet. Diese Säure besitzt nicht wie andere antiseptische Mittel giftige Eigenschaften, ist der Gesundheit nicht nachtheilig und hat einen sehr milden Geschmack. Wenn auch der Borax ähnlich der Borsäure antiseptisch wirkt, so ist letzterer dem Ersteren doch vorzuziehen, weil das Salz der Milch leicht eine gelbliche Färbung und einen leisen seifenartigen Geschmack ertheilt. Das doppeltkohlensaure Natron wirkt dem Borax in dieser Hinsicht ähnlich. Das von Dr. Trommer zur Entsäuerung der Milch vorgeschlagene kaustische Ammoniak hat diese Eigenschaft nicht. Beiläufig sei hier noch bemerkt, dass ein geringer Boraxzusatz zur Milch einer Unbequemlichkeit abhilft, die sich zuweilen beim Buttern zeigt. Manchmal nämlich vereinigen sich die Butterkügelchen schwierig, dies erleichtert der Boraxzusatz. — Die Bedeutung der hier in erster Linie behandelten Verhältnisse leuchtet ein. Es ist von Wichtigkeit, zumal wenn die Milch im heissen Sommer vom Lande nach der Stadt geführt wird, ihre Säuerung zu verzögern. Die Borsäure scheint für solchen

---

*) Diese benzolische Borsäurelösung dürfte besser durch eine Lösung von Borsäure in flüssigem Harz (Copaivabalsam, Storax u. dgl.) vielleicht auch durch eine spirituös-harzige Lösung für die Zwecke der Conservirung von Cadavern ersetzt werden.

Zweck ein geeignetes Mittel abzugeben. Die antiseptische Wirkung der Säure ist schon von Hoppe und Alex Müller beobachtet worden, speziell bezüglich der Borsäure hat Dumas schon vor einiger Zeit darauf hingewiesen, dass sie conservirend wirkt. Letzterer hat auch gefunden, dass Borsäure, Bierhefe, Diastase und Myrosin unwirksam macht.

*Aufbewahrung des Fleisches nach A. Herzen.* Zur Aufbewahrung des rohen Fleisches benutzt A. Herzen rohe Borsäure, welche durch Zusatz von Borax (wohl wegen Bildung eines sehr sauren Salzes) im Wasser löslicher gemacht wird. Die Wirkung dieser Lösung wird durch Zusatz von etwas Kochsalz und Salpeter erhöhet und hierdurch namentlich die Erhaltung des frischen Aussehens des Fleisches befördert. Das Fleisch behält sein natürliches Ansehen, zeigt keine Spur von Fäulniss und lässt selbst bei mikroskopischer Untersuchung keine Veränderung erkennen.

*Aseptin. Amykos.* Borsäure ist unter Anderem unter dem Namen Aseptin und Amykos schon seit Jahren von G. Hahn in Upsala und von Jacquez zum Conserviren von Fleisch angewendet worden.

Die Herzen'sche Methode zur Haltbarmachung rohen Fleisches mittelst Borsäure und Kalksalpeter und Kochsalz scheint sich zu bewähren. Adolf Ott genoss im Oktober 1875 nach dieser Weise conservirtes südamerikanisches (Büffel-)Fleisch, das im August die Linie passirt hatte. Dasselbe schmeckte ganz vortrefflich, sowohl gebraten als gekocht.

Auch P. Koch berichtet über das conservirte Fleisch nach der Methode von Herzen, so wie es auf der Ausstellung in Brüssel aufgetreten ist, wie folgt: „Einen grossen Fortschritt dem Salzfleisch gegenüber bildet die Conservationsmethode von Herzen durch Borsäure, welcher etwas Borax, Kalisalpeter und Kochsalz beigefügt wird. Conti in Montevideo stellte dasselbe in grossen Blechgefässen und Fässern aus, welche der Wärme des Sommers völlig widerstanden haben. Der Geschmack des Fleisches, gekocht oder gebraten, kommt, wie sich Koch selbst überzeugte, dem des gewöhnlichen frischen Fleisches hinreichend nahe, um ihm die höchste Beachtung zu wünschen, die es bis jetzt nur in Italien gefunden zu haben scheint."

A. Reynoso spricht sich ebenfalls (in Compt. rend. Bd. LXXXI p. 742) sehr anerkennend über Herzen's Verfahren aus.

H. Kolbe empfiehlt Fleisch mit einem Gemisch von Borsäure, Salicylsäure und saurem schwefelsaurem Kali zu behandeln. Prof. Rudolf von Wagner bemerkt hierzu, dass diese Modification der Fleischpräservirung (vorausgesetzt, dass sie sich bewährt) eine Combination von Herzen's Verfahren mit Kolbe's Vorschlägen würde sein. Ein dem Prof. v. Wagner befreundeter pariser Fachgenosse schrieb über das neue Verfahren, dessen complexe Natur seiner Einführung schaden wird, dass, wenn dadurch Fleisch conservirt würde, man eigentlich nicht wisse, welcher Stoff dafür verantwortlich zu machen sei. Auf alle Fälle wäre in der neuen Conservirungsmethode „trop de chimie“!

*Anwendung des Thymol's.* Professor Husemann hat s. Z. der königl. Gesellschaft der Wissenschaften in Berlin eine Arbeit über die Wirkung des Thymols (enthalten im Thymianöl und im Samen von Ptychotis Ajovan) vorgelegt, der wir das Folgende entnehmen: Eine praktische Bedeutung hat das Thymol nur wegen seiner fäulnisswidrigen Wirkung. Im Jahre 1868 empfahl Paquet dasselbe als wohlriechendes Ersatzmittel der Carbolsäure zu Desinfectionszwecken.

Auf Paquet's Versuche gründet sich sicherlich die Aufnahme des Thymianöles, dessen hauptsächlicher Bestandtheil das Thymol ausmacht, unter die Ingredienzien des Räucheressigs. Versuche, welche J. Valverdé aus San José in Costarica auf Veranlassung des Prof. Husemann über die fäulnisswidrigen Eigenschaften des Thymols anstellte, ergaben eine ausgezeichnete antiseptische Wirkung desselben, indem sowohl die Leichname mit Thymol vergifteter Thiere sich bei heissem Wetter lange unverändert halten, und Fleisch und Eiweissstücke in kalt gesättigter wässeriger Lösung des Thymols sich bei, obschon nicht völligem Abschlusse der Luft 8 bis 9 Monate und noch länger unverändert halten. Letzteres ist auch bei freiem Luftzutritt der Fall, wo das Thymol die Carbolsäure, in einer gleichstarken wässerigen Lösung (1:333) angewendet, als fäulnisswidriges Mittel übertrifft, was sich leicht daraus erklärt, dass die Carbolsäure einerseits weit flüchtiger ist, andererseits auch weit leichter sich theilweise zu anderen Stoffen oxydirt, welche geringere oder gar keine antiseptische Wirkung besitzen. Da nun der Geruch des Thymols ein angenehmerer ist und das Mittel wegen seiner geringeren Giftigkeit keine Veranlassung zu den vielen traurigen Vorkommnissen bietet, welche unvorsichtige Aufbewahrung der Carbolsäure im Laufe der Jahre in so reichlichem Maasse veranlasst hat, dürfte Thymol trotz seines ziemlich hohen Preises dennoch in manchen Fällen der Carbolsäure vorzuziehen sein.

*Salicylsäure.* Vom Prof. Kolbe wurde Salicylsäure als antiseptisches Mittel sehr empfohlen, was ihr auch nicht abzusprechen ist. Die Speculation hat sich dieses Gegenstandes sofort bemächtigt und die Salicylsäure als das allein seligmachende und unfehlbare Mittel wider alle Gährungs- und Fäulnissnoth aufgepufft, und mit einem Heiligenschein versehen, der freilich schon im Erblassen ist. Die Salicylsäure wird nichts desto weniger für gewisse Zwecke sich dauernden Verbrauch erobert haben und Kolbe's bleibendes Verdienst wird es sein, die antiseptischen Eigenschaften der Salicylsäure entdeckt und damit Anregung gegeben zu haben, dass man die Reihe der verwandten Körper auf eben diese Eigenschaften prüfte. Nach den Untersuchungen von Fleck und Salkowsky, zu welchen die Arbeiten Kolbe's Veranlassung gaben, besitzen wir in der Benzoësäure ein noch energischer wirkendes Antisepticum und so wird, falls nicht die Praxis aus jetzt noch nicht erkennbaren Gründen für die Salicylsäure sich entscheidet, voraussichtlich die Benzoësäure den Sieg unter den antiseptischen Körpern dieser Klasse davon tragen. Dem Consum der Salicylsäure dürfte damit trotzdem wenig Abbruch geschehen, denn mit der Thatsache ihrer technischen Darstellung sind und werden ihrer Verwendung neue Absatzquellen geschaffen; so zur Darstellung von künstlichem Gaultheriaöl und ähnlichen wohlriechenden Aethern.

R. Wagner empfiehlt die Salicylsäure 1. zur Conservirung von Nahrungsmitteln, insbesondere zur Aufbewahrung von Fleisch. Statt, wie Kolbe empfiehlt, das frische Fleisch mit trockener Salicylsäure einzureiben, wendet Wagner gesättigte wässerige Lösung von Salicylsäure (1 : 300) an, mit welcher das Fleisch übergossen und in gut verschlossenen Gefässen aufbewahrt wird*). Die rothe Farbe des Fleisches geht dabei bald in die graue Farbe des gesottenen Fleisches über.

Als Zusatz zum Pökelsalz für Fleischwaaren und Würste hält Wagner die Salicylsäure vorläufig für wichtiger als für die direkte Conservirung von Fleisch; für die Schinken- und Wurstbereitung, meint Wagner, sei die Einführung einer aus Phenol entstandenen Substanz, die bis zu einem gewissen Grade die

---

*) Sollte das Fleisch dabei nicht zum Theil ausgelaugt werden?

Wirkung des Räucherns zu ersetzen im Stande ist (?), ohne Widerrede von grossem Nutzen. Auch werde vermuthlich die Bildung des Wurstgiftes durch Salicylsäure in der Wurstmasse verhütet werden können (??). — Ungesalzene Butter hält sich mit 1 bis 2 pro Mille Salicylsäure zusammengeknetet oder unter Salicylsäurelösung aufbewahrt selbst im Sommer 3 bis 5 mal so lange, als ohne diesen Zusatz. Von grossem Werthe sei die Salicylsäure für die Conservirung von Früchten und Gemüsen.

Die Meinung Neubauer's über die Bedeutung der Salicylsäure für die Kellerwirthschaft in Bezug auf Wein und Bier theilt Wagner vollständig; er fügt hinzu, dass die gährungshemmende Eigenschaft der Salicylsäure auch für den Schaumweinfabrikanten und für die Essigbereitung von Belang ist. Ein geringer Zusatz von Salicylsäure zum Essiggut verlangsamt die Essigbildung, wovon in den heissen Sommermonaten gewiss unter Umständen vortheilhaft Gebrauch gemacht werden könne*). — Salicylsäure verhindert das Sauerwerden von Fleischbrühe und Suppen (namentlich stärkmehlreicher) mehrere Tage lang.

2. In der Leimbereitung kann eine Lösung der Salicylsäure Anwendung finden zum Maceriren des Leimgutes und als Zusatz beim Versieden desselben. Die mit Salicylsäure versetzte Gallerte lässt sich leichter in trockenen Leim überführen als Gallerte ohne Zusatz von Salicylsäure. Eine wässerige Lösung von Leim wird durch etwas Salicylsäure haltbarer, ohne die Klebkraft zu beeinträchtigen. Bei der Fabrikation der Darmsaiten, des Pergaments und der Metallschlägerformen dürfte die Einführung der Salicylsäure zur Verhinderung der Fäulniss wesentliche Vortheile darbieten.

3. Für die Zwecke der Lederfabrikation scheint Wagner die Salicylsäure äusserst zukunftsvoll zu sein. Anstatt der zum Schwellen und Treiben des Corium (der sogenannten Blösse) bisher angewendeten Schwellbeize wird, erhebliche Preisermässigung der Salicylsäure vorausgesetzt, in der Folge höchst wahrscheinlich eine Lösung von Salicylsäure Anwendung finden können. Das Treiben des Corium geht in normaler Weise vor sich und die Blösse ist nach einigen Tagen zur Aufnahme der Gerbmaterialien geeignet. Einige Stücken Blösse von Rindshäuten der stärksten Sorte, wie sie in den Rothgerbereien zur Herstellung des Sohlen-

---

*) Eine geringe Eisenspur, die nur zu leicht in den Essig gelangen kann, dürfte ihm die unangenehme Beilage eines violetten Scheines ertheilen.

leders genommen werden, zeigten nach vierwöchentlichem Verweilen in einer $^1/_{20}$ gesättigten Lösung von Salicylsäure noch keine Spur eines Zersetzung verrathenden Geruches, während Stücke der nämlichen Blösse in gewöhnlichem Wasser nach acht Tagen schon einen unerträglichen Geruch entwickelten*). Die in Salicylsäure geschwellten Blössen nehmen eine röthliche Färbung an. Wie es scheint, kann Salicylsäure die gerbende Wirkung der Eichenrinde und ähnlicher Gerbmaterialien unterstützen. Ueber diesen Punkt, der möglicherweise eine hohe wirthschaftliche Beachtung erlangen kann, behält Wagner sich vor, weitere Versuche anzustellen. In der Handschuhleder-Fabrikation ist ein Zusatz von Salicylsäure zu der sogenannten „Nahrung" zu empfehlen. Es macht den Gerbebrei haltbarer.

4. Die Schlichte der Weberei lässt sich durch Versetzen mit einer Lösung von Salicylsäure lange Zeit unverändert aufbewahren. Dem Kleister der Buchbindereien, Portefeuille- und Cartonagefabriken u. s. w. kann durch Salicylsäure eine vierwöchentliche Haltbarkeit ertheilt werden, während der nämliche Kleister ohne Salicylsäure in der wärmeren Jahreszeit nach einigen Tagen schon seine Consistenz verliert, seine Klebkraft einbüsst und milchsauer wird. Albumin lässt sich mit Salicylsäure versetzt für längere Zeit conserviren.

Allem dem eben Vorgebrachten stehen die Versuche Fleck's und Salkowky's gegenüber, welche beide der Benzoësäure den Vorzug geben, beziehungsweise einzelne der Salicylsäure zugeschriebene Eigenschaften direkt bestreiten. Salkowsky sagt unter Anderem: Die Salicylsäure schiebt in concentrirter wässeriger Lösung die Fäulniss auf, vermag sie aber nicht zu verhindern. Desodorisirende Eigenschaften besitzt die Salicylsäure nicht, obwohl auch dieses behauptet wird. Mischt man faulende Flüssigkeit mit Salicylsäurelösung, so bleibt der Geruch ganz unverändert. Es ist auch in der That nicht abzusehen, in welcher Weise die Salicylsäure desodorisirend wirken sollte. Eine solche Wirkung kann auf drei Arten zu Stande kommen. Die Salicylsäure ist weder mit starker chemischer Affinität begabt, noch bewirkt sie Niederschläge, noch besitzt sie einen eigenen verdeckenden Geruch. Die Wirkung der Salicylsäure kommt nicht durch Spaltung in Carbolsäure und Kohlensäure zu Stande, wie Kolbe ursprünglich vermuthet hatte; die

*) Hier dürfte die wohlfeilere Carbolsäure, welche jetzt Eingang in die Praxis gefunden, nicht aus dem Felde geschlagen werden.

Unzulässigkeit dieser Annahme geht schon daraus hervor, dass die Salicylsäure in weit schwächerer Concentration wirkt, wie die Carbolsäure. Ausserdem aber ist sie aus den Fäulnissgemischen durch Extraction mit Aether leicht wieder darstellbar, und Carbolsäure lässt sich in denselben nicht nachweisen. Die Benzoësäure besitzt weit stärkere antiseptische Eigenschaften wie die Salicylsäure. Wenn man frisches Fleisch, feingehackt oder in grösseren Stücken, in concentrirter wässeriger Benzoësäurelösung aufbewahrt, so tritt eine Fäulniss, nach Salkowsky's Beobachtungen, die sich auf über drei Monate erstrecken, überhaupt nicht ein. Die Flüssigkeit bleibt klar und bewährt den Geruch nach Benzoësäure. Was der Benzoësäure aber ein entschiedenes Uebergewicht sichert, ist, dass sie bedeutend billiger ist wie die Salicylsäure. Fleck hat in einer besonderen Brochure*), die Resultate werthvoller Versuche niedergelegt, welche die Untersuchungen Kolbe's, Neugebauer's u. s. w. einer Kritik unterziehen. Mit Rücksicht auf den beschränkten Raum können hier leider nur die Schlussfolgerungen seiner Arbeit wiedergegeben werden. Diese lauten (im Auszuge):

1. Benzoësäure und Salicylsäure üben auf die Wirkungen des Emulsins dem Amygdalin gegenüber, wie auf diejenigen der Synaptose der Mironsäure gegenüber gleich hemmende, verzögernde oder vernichtende Einflüsse aus.

2. Es ist der sichere Beweis geliefert, dass Benzoësäure Gährungserscheinungen in sehr hohem Grade beeinträchtigt, während Carbolsäure und Salicylsäure unter Umständen sogar die Gährung beschleunigen können.

3. Zimmtsäure wirkt in erhöhtem Grade gährungshemmend als Benzoësäure. Ihre Schwerlöslichkeit im Wasser (1 : 1250) steht aber ihrer Verwendung entgegen. Da indess in vielen Benzoësorten diese Verbindung neben Benzoësäure mit auftritt, so ist zu constatiren, dass die Gegenwart von Zimmtsäure die Wirkungen der Benzoësäure eher erhöht als vermindert.

4. Die gährungshemmende Wirkung der Benzoësäure, Carbolsäure und Salicylsäure ist von der Quantität der stickstoffhaltigen Hefennahrung abhängig; mit Zunahme dieser in der Gährungsflüssigkeit vermindert sich der Wirkungswerth des gährungsverhindernden Mittels.

---

*) Benzoësäure, Carbolsäure, Salicylsäure, Zimmtsäure. Versuche zur Feststellung des Werthes der Salicylsäure als Desinfectionsmittel, insbesondere als Pilz- und Hefengift, sowie zur Begründung einer Desinfectionstheorie. München. R. Oldenbourg's Verlag. 1875.

5. Die zur Gährung verwendete Hefenmenge steht weder in einem bestimmten Verhältniss zur Vergährung, noch zur Wirkung der antiseptischen Mittel. Deshalb ist zwar die Hefenvermehrung der letzteren proportional, aber alle nach solchem Maassstabe angestellten Versuche sind für die Beurtheilung der antiseptischen Wirkungen der Salicylsäure in ihren Resultaten ungenügend.

6. Benzoësäure, Carbolsäure und Salicylsäure sind keine Hefengifte. Dieselben heben die gährungserregenden Eigenschaften der Hefe nicht auf, auch wenn sie mit der Hefe direkt lange Zeit in Berührung bleiben.

7. Die Salicylsäure lässt sich nicht allein durch Benzoësäure, sondern in vielen Fällen auch durch schwefelsaure Thonerde oder Alaun ersetzen, weil den gährungshemmenden und fäulnisshemmenden Eigenschaften der letzteren Verbindungen denen der Salicylsäure wenigstens gleichkommen.

8. Leicht faulenden Flüssigkeiten, z. B. dem Fleischsaft, kann Salicylsäure nicht als Conservirungsmittel dienen, weil sie dessen Fäulniss zwar verzögern, aber nicht aufzuhalten vermag. Hiervon ergiebt sich von selbst die Unbrauchbarkeit der Salicylsäure als Fleischconservirungsmittel.

9. Die Nahrung der Schimmelpilze wird von keiner der genannten Säure vollständig consumirt. Weil aber der Schimmel, wie es scheint, sich von sehr vielen stickstoffhaltigen Körpern gleichzeitig nährt, so ist der Fall denkbar, dass in einer Flüssigkeit, in welcher mehrere solcher Schimmelnährstoffe zugleich auftreten, der eine oder andere bald von Benzoësäure, oder von Carbolsäure oder von Salicylsäure absorbirt und den Pilzsporen entzogen wird, ohne dass deswegen die Schimmelbildung aufgehoben würde. Nur in den Fällen ist ein Ausbleiben derselben denkbar, wo die Pilznahrung eine einseitige und diese von den angewendeten Desinfectionsmitteln völlig beansprucht wird. Darauf deuten wenigstens die mit Milch, Fleischsaft und Harn angestellten Versuche; aber die ausgesprochene Ansicht bedarf noch der Bestätigung.

In jedem Falle aber ist die Salicylsäure nicht geeignet, in der Weintechnik oder Bierbereitung eine hervorragende Rolle zu spielen, wo z. B. durch das Schwefeln oder durch Anwendung schwefligsaurer Salze weit sicherer wirkende Desinfectionsmittel geboten sind.

10. Weil uns demnach über das Wesen der Desinfectionswirkungen gewisser Stoffe noch jeder sichere Anhalt fehlt, so

**ist auch die Empfehlung der Salicylsäure als eines Universal-Conservirungs- und Desinfectionsmittels ungerechtfertigt.**

Vorstehende Arbeit H. Fleck's hatte bekanntlich von H. Kolbe eine Widerlegung erfahren. Darauf hin findet sich W. Hempel (im Berichte der deutschen chem. Gesellschaft 1875 p. 1657) veranlasst, nachzuweisen, dass die analytische Beweisführung H. Kolbe's eine fehlerhafte sei.

Fr. v. Heyden giebt in seinem Werkchen über Salicylsäure (Leipzig 1876) folgende Vorschriften für Anwendung der Salicylsäure im Haushalt:

*Anwendung der Salicylsäure im Haushalt.* 1. Bei rohem Fleisch. Es tritt häufig, besonders bei warmer Jahreszeit, der Fall ein, dass im Uebrigen ganz tadelloses Fleisch, zumal solches, welches leicht sich zersetzende Fett- und Bluttheile zeigt, wie z. B. Zunge etc., bei genauer Prüfung und oft erst beim Kochen einen üblen Geruch entwickelt. Derselbe wird in einfachster Weise dadurch aufgehoben, dass man entweder vor dem Kochen die Fleischtheile in laues Wasser legt, welchem auf den Liter etwa $^1/_2$ bis 1 Theelöffel trockener Salicylsäure zugesetzt wurde, oder, indem man während des Kochens einige kleine Prisen Salicylsäure in das Wasser schüttet. Will man Fleisch einige Tage vor dem Verderben schützen, so empfiehlt es sich, dasselbe:

*a*) in eine Salicylsäure zu legen, welche in der Weise bereitet ist, dass man auf 1 Liter Wasser etwa $^1/_2$ bis 1 Theelöffel Salicylsäure rechnet; oder

*b*) man reibt das Fleisch mit trockener Salicylsäure leicht ein (besonders an den Knochen oder Fetttheilen). Die Aufbewahrung, sowie die vor der Zubereitung vorzunehmende Reinigung hat wie gewöhnlich zu geschehen. Obwohl das rohe Fleisch durch Behandlung mit Salicylsäure seine rothe Farbe an der äussersten Oberfläche einbüsst, so erleidet es doch in seinem Inneren keinerlei Veränderung. Das Fleisch kocht sich übrigens auch in kürzester Zeit weich. — Für Pökelfleisch hat sich ein Zusatz zu der Pökellösung sehr bewährt und hat ein Zusatz von $1^1/_2$ Gramm auf 1 Liter allgemein üblicher Pökelung sich als genügend gezeigt.

2. Reine Kuhmilch, mit $^1/_2$ bis 1 Theelöffel = etwa $^1/_2$ bis 1 Gramm trockener krystallisirter Salicylsäure auf 1 Liter versetzt (nicht in wässeriger Lösung), kommt bei gewöhnlicher Temperatur etwa 36 Stunden später zum Gerinnen, als sonst

und behält ihre Eigenschaft, Rahm abzuscheiden und sich buttern zu lassen, vollkommen.

3. Butter, mit salicylirtem Wasser (1 Theelöffel auf 1 Liter Wasser) durchgeknetet oder unter solchem aufbewahrt, resp. in Tücher eingepackt, welche mit wässeriger 'Salicylsäurelösung durchtränkt sind, hält sich längere Zeit gut, und bereits ranzig gewordene Butter kann durch sorgfältiges Waschen mit Salicylwasser (2 bis 3 Gramm auf 1 Liter Wasser) und Nachspülen mit reinem Wasser verbessert werden.

4. Eingemachte Früchte (Kirschen, Johannisbeeren, Himbeeren, Pflaumen, Aprikosen, Pfirsiche) werden nach mehrfach constatirten Erfahrungen sehr vortheilhaft folgendermaassen behandelt: Man bringt diese Früchte in ein sehr weithalsiges Einmacheglas mit Zucker schichtweise abwechselnd ohne Wasser, streut obenauf eine Prise krystallisirter Salicylsäure (auf 1 Kl. Inhalt: 0,5 Gramm etwa), bindet die Büchse mit Pergamentpapier, das man in wässeriger Salicyllösung eingeweicht hatte, zu, und kocht die Büchse wie gewöhnlich im Dampf (Wasserbad). Heidelbeeren (Blaubeeren) werden am besten ohne Zucker gekocht, erkalten gelassen und in enghalsige Flaschen gefüllt, etwas krystallisirte Salicylsäure obenauf gestreut, zugekorkt und verpicht. Auf diese Weise conservirte Früchte haben nun schon während zweier Saisons sich als vortrefflich gezeigt. — Von anderer Seite wird noch empfohlen: Auf die Oberfläche des Eingemachten in der Büchse ein genau anschliessendes Stück Fliesspapier zu legen, welches man mit einer concentrirten Lösung von Salicylsäure in Rum durchtränkt hat. — Für Essiggurken, eingemachte Gurken (in Essig und Zucker) ist das Verfahren ein entsprechendes, indem man die Salicylsäure mit dem Essig aufkocht und erkaltet über die Gurken giesst. Zu Salzgurken (sauren Gurken) wird die Salicylsäure in das Wasser während des Kochens (etwa $^1/_2$ bis 1 Theelöffel pro Liter Wasser) gethan und im Uebrigen wie gewöhnlich verfahren. Es empfiehlt sich auch, auf die Oberfläche der Gurken im Fass Salicylsäure zu streuen.

5. Zu eingekochten Gemüsen, Marinaden und anderen Conserven mischt man ebenso kleine Mengen trockener Salicylsäure hinzu, um sie vor Verderben zu schützen.

6. Räucherungen mit Salicylsäure, indem man auf einem heissen Blech trockene Salicylsäure verdampfen lässt, reinigen Luft und Wände des geschlossenen Raumes in völlig desinficirender Weise.

7. Gefässe, Korke etc., welchen unangenehmer Geruch oder Geschmack anhängt, werden durch Auswaschung mit Salicylsäurelösung vortrefflich gereinigt, worauf ganz besonders aufmerksam gemacht sein möge.

8. Eigelb lässt sich durch Salicylsäure in vortrefflicher Weise conserviren.

*Löslichkeit der Salicylsäure.* Zweckentsprechende Salicyllösungen werden am besten so dargestellt, dass man etwa 2 bis 3 Theelöffel Salicylsäure auf 1 Liter Wasser nimmt und dieses rasch aufkochen und wieder erkalten lässt. Was sich nach dem Erkalten wieder ausscheiden sollte, ist ein Ueberschuss von reiner Salicylsäure, welche entweder zu neuem Gebrauche reservirt bleiben oder gut angerührt da mit verwendet werden kann, wo man mit dieser Suspension, die also mehr Salicylsäure als die gewöhnliche Lösung enthält, eine grössere Wirkung erzielen will. Nach Aug. Vogel ergiebt sich die Löslichkeit im kochenden Wasser ziemlich constant 1 : 300, im kalten Wasser 1 : 400 bis 1 : 500. Viel bedeutender als im Wasser ist die Löslichkeit der Salicylsäure im Glycerin. Durch schwaches Erwärmen kann man eine Lösung im Verhältniss von 1 : 60 herstellen. Diese hält sich unverändert klar bis zu einer Temperatur von + 17,5° C. und beginnt erst bei + 15° C. trüb und dickflüssig zu werden. — H. Kolbe setzt, wenn Salicylsäure zur Conservirung von Fleisch verwendet werden soll, saures, schwefelsaures Kali und Chlorkalium zu, wodurch einerseits die Salicylsäure rascher in Lösung geht, andererseits die Lösung durch die langsame Bildung von Salzsäure, welche durch gegenseitige Zersetzung des sauren, schwefelsauren Kalis und Chlorkaliums entsteht, — stets eine saure Reaktion zeigt. — Nach B. Kohlmann wird die Löslichkeit der Salicylsäure in wässerigen Flüssigkeiten durch einen Zusatz von Ammonacetat bedeutend erhöht. Es gelang Kohlmann auf diese Weise bis zu 20 pCt. in Lösung zu bringen. Sättigt man die officinelle Ammoniaklösung (24 Theile) mit der officinellen verdünnten Essigsäure (etwa 16 Theile) in der Weise, dass eine minimale saure Reaktion vorwaltet, so lassen sich in dieser Flüssigkeit 25 pCt. (10 Theile) Salicylsäure auflösen, zumal wenn man etwas Wärme dabei anwendet. Am einfachsten bewirkt man die Auflösung durch folgendes kurze Verfahren: 10 Theile Salicylsäure werden mit 24 Theilen Ammoniak übergossen, durch öfteres Schütteln in Lösung gebracht und nun 16 Theile oder so viel officinell verdünnte Essigsäure zugesetzt, bis die Flüssigkeit eine schwach saure Reaktion angenommen hat. Der Geschmack dieser Auflösung ist salzig, aber durchaus nicht unangenehm.

*Conservirung des Brotes durch Salicylsäure.* Wir wollen nur noch hier anfügen das Resultat der Versuche, welche H. Kolbe in Gemeinschaft mit E. v. Meyer über Conservirung des Brotes durch Salicylsäure angestellt hatte. Es ergiebt sich daraus, dass auf 1 Kl. fertiges Brot 0,4 Gramm Salicylsäure genügt, welche als Pulver in den Teig geknetet wird. Die fertigen Brote werden mit einer Lösung von 36 Gramm Salicylsäure, 72 Gramm Kaliumbisulfat und 28 Gramm Chlorkalium in 3 Liter siedendem Wasser bereitet. Das Chlorkalium soll, wie schon oben erwähnt worden, später Salzsäure liefern, welche als flüchtige Säure die Brote an den Stellen, wo sie gegeneinander liegen, vor Schimmelbildung bewahren, d. h. an diesen Stellen die Salicylsäure im ungebundenen Zustande enthalten soll. Auf diese Weise soll Brot in Sommerwärme 6 bis 8 Wochen und vielleicht noch länger vor Schimmel und dem Verderben geschützt werden können.

*Pagliari's Flüssigkeit zum Conserviren thierischer Substanzen.* Pagliari hat übrigens bereits im Jahre 1863 eine Flüssigkeit zum Conserviren von thierischen Substanzen in freier Luft benützt, welche aus Alaun, Benzoë und Wasser besteht*). Diese Flüssigkeit, als eine nur dünne Schicht auf die zu conservirende thierische Substanz aufgetragen, welche man der freien Luft ausgesetzt liegen lässt, reicht hin, dieselbe gegen jede Veränderung zu schützen. Nach der Ansicht Pagliari's bildet beim Austrocknen die conservirende Flüssigkeit gleichsam ein dem Auge unsichtbares Netz auf der Oberfläche der thierischen Substanz, welches gleichsam als antiseptisches Filter wirkt, indem dasselbe nur der reinen Luft den Zutritt gestattet, dagegen der Entwickelung thierischer und vegetabilischer Fermente entgegenwirkt, während die Verdunstung ungehindert stattfindet; thierische Substanzen, welche in die genannte Flüssigkeit eingetaucht sind, werden sich beliebig lange unversehrt conserviren lassen.

*Král's Verfahren Felle für zoologische Sammlungen zu conserviren.* Das von Král befolgte Verfahren, die Felle der Thiere für zoologische Sammlungen zu conserviren, besteht in der Behandlung derselben mit Oelsäure. Man behandelt in

*) Ueber die anzuwendenden Gewichts-Verhältnisse der einzelnen Bestandtheile, sowie über die eigentliche Anfertigung der conservirenden Flüssigkeit ist in Comptes rendus t. LVIII p. 253 nichts näheres gesagt.

einem passenden Gefäss 6 Gewth. Oelnatronseife und 1 Gewth. Talgnatronseife mit verdünnter Schwefelsäure; die hierdurch aus den Seifen ausgeschiedenen Fettsäuren werden völlig mit Wasser ausgewaschen; das so erhaltene Gemisch von Oel, Palmetin, Talgsäure lässt man auf 15 ° C. erkalten, wodurch sich die festen Säuren ausscheiden, die Oelsäure dagegen in Lösung bleibt. Die flüssige Fettsäure wird von den festen Säuren abgegossen und mit derselben, mittelst eines Pinsels, die innere Seite der Felle bestrichen, worauf man letztere trocknen lässt; hierauf überstreicht man sie dünn mit einer Lösung von Quecksilberoxyd in Oelsäure und nach Verlauf einiger Stunden mit einer Lösung von etwas Eisenseife mit Oelsäure (etwa 70 Gramm auf 560 Gramm Oelsäure). Die so präparirten Felle nehmen eine lederartige Beschaffenheit an, bleiben dabei geschmeidig und widerstehen der Zerstörung. Die zu obigem Verfahren erforderliche Eisenseife wird leicht dargestellt durch Zersetzung einer Lösung von oelsaurer Natronseife mit einer Lösung von Eisenchlorid. Die Eisenseife scheidet sich als Niederschlag aus, die überstehende, Chlornatrium enthaltende Flüssigkeit wird abgegossen und die Seife mit Wasser ausgewaschen.

*Verwendung der Schwefelsäure.* In vielen Gegenden werden Holzpflöcke, Stangen u. dgl. m. in rohe concentrirte Schwefelsäure eingetaucht. Die Säure verkohlt nicht allein das Holz, es bildet sich im Gegentheil eine Art Verbindung mit der Holzfaser, welche gegenüber den äusseren Eindrücken der atmosphärischen Luft kräftigen Widerstand leistet, im anderen Falle verhindert die Säure auch die Entwickelung der verschiedenen Cryptogamen. Jedenfalls ist diese Methode dem Theeren vorzuziehen, da sie wohlfeiler und in ihrer Wirkung sicherer ist.

Unter dem Namen Kreosozon wird von Dr. G. Laube sen.: in Ulm ein neues Conservirungsmittel empfohlen, welches sich besonders durch seine Einfachheit der Darstellung und gleichzeitige Billigkeit vor vielen andren zu ähnlichen Zwecken empfohlenen Mitteln auszeichnet. Es besteht in der Anwendung von verdünnter Schwefelsäure und genügt zu 100 Gewichtstheilen Wasser 1 bis 4 Theile Schwefelsäure zuzusetzen. Beim Gebrauche ist es hinreichend, die zu conservirenden Gegenstände 2 bis 4 Minuten in die obenerwähnte verdünnte Schwefelsäure einzutauchen und dann zu trocknen oder auch geradezu in der verdünnten Säure aufzubewahren. Diese verdünnte Säure kann nicht nur allein zur Conservirung des Fleisches, von Wurstwaaren u. dgl. m., sondern auch zu anatomischen Zwecken, zur Erhaltung von Häuten (durch Bestreichen der Fleischseite mit 1 pCt. Flüssigkeit), zur Verhütung des üblen Geruches in Fleisch- und Fischläden (durch Abwaschen der Tische und Utensilien mit der Flüssigkeit), sowie zur Verhütung von Ungeziefer aller Art angewendet werden. Von grossem Interesse wäre es auch, dass weitere und umfassendere Versuche mit dem Kreosozon bei Maul- und Klauenseuche und eiternden Wunden angestellt werden möchten. Vor dem Genusse des mit Kreosozon behandelten Fleisches muss dasselbe erst mit einer schwachen Sodalösung (2 bis 3 pCt.) und dann mit Wasser, zur Entfernung von dem sich gebildeten schwefelsauren Natron, gewaschen werden.

*Conservirung des Fleisches mittelst Salzsäure.*

H. Haighton will, um Fleisch zu conserviren, dasselbe wiederholt in Salzsäure eintauchen und dann an der Luft trocknen. Will man solches Fleisch in Gebrauch nehmen, so soll es vorher nur in eine Lösung von kaustischem oder kohlensaurem Natron gebracht werden, um die Salzsäure zu neutralisiren.

*Fuchsin als Conservirungsmittel.*

Laujorrois empfahl zum Conserviren von organischen Substanzen einen Zusatz von Fuchsin. So soll eine Gelatinelösung sich lange Zeit conserviren lassen, wenn man sie mit 1 pCt. Fuchsin versetzt. Rindfleischschnitte in Fliesspapier gewickelt, welches mit einer Gelatinelösung überzogen war, die 1 pCt. Fuchsin enthielt, erlitten in ca. $^1/_4$ Jahr gar keine Veränderung. Die Fasern sind ganz zähe geworden und erhielten die Consistenz der Guttapercha. Von der so conservirten Muskelfaser wurde ein Theil 24 Stunden lang in Wasser bei gewöhnlicher Temperatur eingeweicht. Dasselbe hat keinen unangenehmen Geruch angenommen und verlor seinen Zusammenhang nicht. Urin, mit $^1/_{4000}$ Anilinviolett versetzt, ca. 2 Monate lang in einem Probirglas mit der Luft in Berührung gelassen, war nicht in Fäulniss übergegangen. Um der Gefahr einer Vergiftung vorzubeugen, ist bei Anwendung des Fuchsin zur Conservirung besonders solcher organischer Stoffe, die zur Nahrung dienen, genau darauf zu achten, dass das Fuchsin kein Arsen enthalte.

*Anwendung des Kochsalzes als conservirendes Mittel.*

**Die Anwendung des Kochsalzes** (Seesalzes, Chlornatrium) als conservirendes Mittel ist uralt. Schon Homer und Hesiod erwähnen dessen Anwendung. Es ist aber nicht gleichgültig, welche Art Salz man zum Conserviren des Fleisches anwendet; so kann man Seesalz, welchem immer ein bitterlicher

Geschmack anhängt, nicht verwenden. Die Operation des Einsalzens ist eine sehr einfache. Man theilt oder schneidet das Fleisch in kleine Stücke und rollt dieselben in dem Salz. Die so zubereiteten Stücke werden nun fest in ein Gefäss eingedrückt, zwischen jede einzelne Fleischlage Salz gestreut, und der Deckel fest aufgesetzt.

Nach A. Vogel mischt man zu Kochsalz fein pulverisirte Kohle zu gleichen Theilen und benetzt dieses Gemenge mit geschmolzenem Unschlitt unter vollkommener Vermischung. Dem Unschlitt ist vor der Anwendung eine kleine Menge Carbolsäure zuzusetzen, so dass das Ganze darnach riecht. Man bringt nun in Holzgefässe, am besten Tonnen, welche ausgepicht sind, auf den Boden zuerst eine Lage dieses Gemenges und darauf eine Lage Fleisch, welche man dann mit einer Schicht des Gemenges bedeckt. Man drückt die Schichten fest, legt abermals eine Schicht Fleisch, bedeckt mit dem Gemenge, stampft ein und fährt so fort, bis die Tonne fast gefüllt ist. Das Fleisch soll an die Wandungen des Gefässes nicht unmittelbar anliegen, sondern von allen Seiten von dem Gemenge umgeben sein. Wenn nun die Tonne bis nahe zum oberen Rande gefüllt und die Masse festgedrückt ist, so wird oben eine Schicht Talg aufgegossen und die Tonne darauf mit einem Deckel geschlossen. Die Fettdecke sowohl, als das dem Salz und der Kohle beigemengte Fett hält Luft und namentlich Feuchtigkeit ab; durch das Festdrücken wird die in dem Gefässe selbst befindliche Luft möglichst verdrängt. Das Salz verbindet sich mit der im Inneren des Fleisches befindlichen Flüssigkeit, ohne in diesem Zustande mit der Fleischfaser eine Verbindung eingehen zu können. Die Carbolsäure wirkt vorzugsweise auf die Proteïnfermente und hebt deren Wirkung auf; ausserdem ist sie, wie man weiss, für niedere Thiere ein starkes Gift. Die Kohle endlich wirkt an und für sich conservirend, indem sie die allenfalls sich entwickelnden Gase absorbirt. Es bedarf kaum der Erwähnung, dass dieses Verfahren keineswegs kostspielig ist. Grössere Mengen der verschiedensten Fleischsorten, nach dieser Methode aufbewahrt, haben sich nach sechs Monaten noch als zur Benutzung als Nahrungsmittel vollkommen geeignet erwiesen.

J. v. Liebig liess sich folgende Flüssigkeit in England patentiren. In 45 Liter Wasser werden 18 Kl. Kochsalz und 250 Gramm krystallisirtes phosphorsaures Natron gelöst. Der Zusatz von phosphorsaurem Natron bezweckt, das Kochsalz von Kalk und Magnesia zu reinigen. Bei Anwendung von Seesalz ist der Zusatz von phosphorsaurem Natron auf 500 Gramm zu steigern. Diese Lösung lässt man stehen, bis sie klar geworden ist und zieht sie dann von dem weissen erdigen Niederschlage ab. Zu den so erhaltenen 6 Kl. Salzwasser setzt man 3 Kl. Fleischextract, 750 Gramm Chlorkalium und 300 Gramm Natronsalpeter.

*Das Fleischeinsalzen (Pökeln).* Das Fleischeinsalzen (Pökeln) bildet einen bedeutenden Industriezweig, besonders in den Seestädten, da die Verproviantirung der Seeschiffe zum grössten Theile aus solchem Fleisch besteht. Leider führt der fortgesetzte längere Gebrauch desselben unangenehme Folgen nach sich.

*Die Bereitung des Caviars.* Der Caviar, welcher in Russland, vorzugsweise im Gebiete der Wolga, aus dem Laich des Störs dargestellt wird, wird in der Art bereitet, dass man den Laich erst von dem Blut und den Gefässen, mit welchen derselbe durchsetzt ist, durch Waschen reinigt, dann in eine Salzlake legt und hierauf in kleine Tönnchen oder Gefässe fest eindrückt. Mit der Zeit entsteht eine gleichförmige homogene Masse, welche das Ansehen der Schmierseife besitzt.

*Botorgo.* An den Küsten des Mittelmeeres, in Egypten, Alexandrien, Sardinien, Dalmatien, Frankreich, bereitet man eine Art Caviar aus dem Laich der Meeräsche (Mugil cephalus), indem man denselben salzt, in einer starken Presse zusammendrückt, an der Sonne trocknet und dann in Steinkruken oder Glasgefässen aufhebt. Dieses sogenannte „Botorgo" wird mit Essig und Oel oder Citronensaft gegessen.

*Verwendung des Kalisalpeters.* Einige Salze, speciell der Kalisalpeter, wirken in gleicher Weise wie das Chlornatrium (Kochsalz). Die Selcher mischen Kalisalpeter mit Kochsalz, mit welchem sie das Fleisch einpökeln, weil der erstere dem Fleische eine rosenrothe Farbe verleiht.

Welche sind eigentlich die Wirkungen des Salzes? Man kennt dieselben nicht ganz genau, aber es ist nicht daran zu zweifeln, dass dasselbe in dem Fleische eine chemische Aenderung producirt, denn es ändert nicht nur dessen Geschmack, sondern auch seine Farbe und andere physikalischen Eigenschaften, das Fleisch wird auch zähe und schwerer verdaulich.

*Specielle Methoden zum Einsalzen des Fleisches.* Zum Salzen des Fleisches hat sich, nach Mittheilungen des Prof. Dr. Nessler, in England folgende Mischung sehr bewährt. Dieselbe besteht für je 50 Kl. Fleisch aus 3 Kl. Salz, 45 Gramm Salpeter und 500 Gramm Zucker. Soll mittelst Lake gesalzen werden, so wird diese Mischung in 18 Kl. oder Liter Wasser gelöst. Für 500 Gramm Salz rechnet man also 3 Kl. oder Liter Wasser. Der Salpeter macht das Fleisch zwar schön roth, doch auch, wie schon vorerwähnt, hart und zähe und ausserdem für die Gesundheit dessen, der das Fleisch geniesst, nicht zuträglich; es ist daher nicht anzurathen, eine grössere Quantität davon zuzusetzen. Der Zucker wirkt entschieden günstig, das Fleisch wird nicht so hart und bleibt saftiger. Die Beantwortung der Frage, ob man das Fleisch mit der trockenen Mischung einsalzen, oder dieses auflösen und als Lake über das Fleisch giessen solle, hängt von den Umständen ab. Später zu räucherndes Fleisch behandelt man besser mit der trockenen Mischung, da dieselbe dem Fleisch schon einen Theil der Flüssigkeit entzieht, die dann beim Räuchern nicht erst durch Austrocknen entfernt werden muss. Für den Genuss ohne Räucherung bestimmtes Fleisch verliert durch das trockene Einsalzen an Saft, also an der stärksten Fleischbrühe, und ist es vorzuziehen, in diesem Falle die Lake aufzugiessen. Bei solcher Witterung, die befürchten lässt, dass das Fleisch während des Räucherns verderbe, kann man beide Methoden vereinen, d. h das abgetrocknete Fleisch mit Salz einreiben, trocken einsalzen, einige Tage stehen lassen, bis sich Lake gebildet hat, und dann noch so viel Lake aufgiessen, bis das Fleisch ganz damit bedeckt ist. Die Hauptsache bleibt in allen Fällen, dass man dafür sorgt, dass alle Theile des Fleisches mit dem Salz in Berührung kommen.

Ein anderes vortheilhaftes Verfahren zum Fleischpökeln ist folgendes: Man kocht über einem gelinden Feuer 1 Kl. Kochsalz, 190 Gramm weissen Hutzucker und 8 Gramm Salpeter in 6 Liter reinem Wasser, schäumt die Masse während des Kochens ab und giesst dieselbe, nachdem sie kalt geworden, über das Fleisch, welches von dieser Lake bedeckt sein muss. Die kleinen Stücke des Fleisches werden schon nach 4 bis 5 Tagen hinlänglich gesalzen sein. Schinken erfordern, wenn sie etwas gross sind, 2 Wochen. Bevor das Fleisch in die Lake gelegt oder vielmehr damit übergossen wird, muss das Blut rein aus demselben herausgedrückt werden. Dieselbe Lake kann 2 bis 3 mal gebraucht werden, wenn man sie wieder aufkochen lässt und eine Kleinigkeit von den genannten Ingredienzien im angegebenen Verhältniss hinzuthut. Dieses Umkochen ist dann erforderlich, wenn sich eine Haut auf derselben gebildet hat oder zu bilden anfängt. Einmal verdorbene Lake ist selbstverständlich nicht weiter zu verwenden. Von so eingepökeltem Rindfleisch lässt sich auch, selbst wenn es schon lange in der Pökelbrühe gelegen hat, noch immer eine wohlschmeckende Fleischbrühe kochen, was bei dem auf dem gewöhnlichen Wege eingesalzenen Fleisch nicht möglich ist. Auch kann man bereits gekochtes Schweinefleisch mit dieser Lake übergiessen und darin eine Zeit lang liegen lassen. Der Wohlgeschmack desselben wird dadurch bedeutend erhöht.

Im Polytechn. Centralblatt wurde nachstehendes Verfahren empfohlen: Zum Einpökeln von 7 Kl. 500 Fleisch reichen 500 Gramm Zucker, 250 Gramm Salz und 66,5 Gramm Salpeter aus. Man bestreicht das Fleisch zuerst mit etwas Salpeter und streut dann 6 Millimeter hoch Zuckerpulver auf; nach fünf Tagen reibt man das Fleisch mit Zucker ab und streut darauf etwas von einer Mischung aus 1 Theil Salpeter, 3 Theilen Zucker und 1 Theil Salz; nach sieben Tagen reibt man das Fleisch wieder ab und bestreicht es mit gleichen Theilen von Zucker und Salz; nach sieben Tagen reibt man noch einmal ab, streut dasselbe Gemisch auf und nach abermals sieben Tagen giesst man guten indischen Syrup auf das Fleisch, soviel es aufnimmt. Bei dem ganzen Verfahren muss darauf geachtet werden, dass aus dem Fleische kein Saft austritt. Die Vorzüge dieses Verfahrens gegenüber dem Pökeln mit reinem Salz sollen darin bestehen, dass das Fleisch zarter wird und feiner schmeckt: besonders aber soll es sehr leicht verdaulich sein, und Personen mit schwachem Magen, die mit Salz gepökeltes Fleisch nicht vertragen können, sollen das mit Zucker gepökelte sehr gut verdauen. Sogar das Fett des auf diese Weise gepökelten Fleisches soll sehr wohlschmeckend und auch leicht verdaulich sein.

Nach Dr. Runge nimmt man auf 266,5 Gramm Kochsalz, 8 Gramm Salpeter und 16,5 Gramm Zucker, und wälzt das Fleisch so darin, dass alle Seiten ihr gehöriges Salz bekommen. Darauf hüllt man dasselbe in ein Stück vorher gut gebrühter aber wieder getrockneter Leinwand fest ein, und legt es in einen Porcellan- oder anderen Napf, und oben darauf einen möglichst dicht schliessenden Deckel. Diese Leinwandhülle ist das Wesentliche beim Schnellpökeln im kleinen Maassstabe, was, wie Prof. Dr. Runge meint, nicht allen Hausfrauen bekannt sein wird. Man kann nach 12 Stunden schon die Wirkung sehen. Hat man nämlich das Fleischstück ohne Leinwandhülle in den Napf gelegt, so findet man den grössten Theil des Salzes zu Lake zerflossen am Boden desselben. Sonach kann es keine Wirkung mehr auf den Theil des Fleisches äussern, der daraus hervorragt. Bei der Leinwandumhüllung ist dem nicht so, hier finden wir gar keine Lake in den ersten zehn Stunden, dafür ist sie selbst aber durch und durch mit den aufgelösten Salztheilen getränkt und giebt nun, da ihre Berührung mit dem Fleisch fortdauert, stets soviel Salz an dasselbe ab, als es dafür Feuchtigkeit von ihm erhält. Später, nach etwa 16 Stunden, findet man unten etwas Lake, nun ist es Zeit, das Fleisch mit seiner Hülle umzukehren und dies täglich einmal zu wiederholen. Alles hier Gesagte gilt vom Pökeln in kleinen Mengen. Sobald man das drei- oder vierfache pökelt, kann die Leinwandhülle wegbleiben. Höchstens dass man ein Stück Leinwand als Decke obenauf legt; denn man bekommt soviel Flüssigkeit, dass sich das Fleisch mit Lake bedeckt. Es kommt hierbei nur auf das richtige Einlegen der in dem Pökelsalz gewälzten Fleischstücke an. Es dürfen keine leeren Räume bleiben. Durch kleine Fleischstücke kann man sie zwar ausfüllen, aber man schneidet nicht gern ein ansehnliches Stück zu diesem Zwecke entzwei. Es ist auch nicht nöthig, da glatte, wohlgewachsene Kiesel- oder Feldsteine in allen möglichen Grössen hier dasselbe thun und jeden Raum ausfüllen, wo müssige Lake sich ansammeln könnte.

*Schnellpökeln.* In Hamburg soll man beim Schnellpökeln im Grossen das Fleisch in grossen Stücken mit Holz geschichtet in eiserne Cylinder bringen, welche luftdicht verschliessbar sind. Mittelst einer Luftpumpe wird die Luft dann aus denselben gepumpt und durch eine andre Pumpe die Pökellake hineingetrieben. Durch dieses Verfahren soll die Pökelung in zwölf Stunden vollendet sein. Prof. Runge bemerkt dazu, dass dieses Verfahren ganz gut und der richtige Verstand darin sei, d. h. wenn die zum Schichten dienenden Holzstücke stets gebraucht würden. Müssten jene dagegen einige Tage ruhen, so dass sie also nicht gebraucht würden, so sei es besser, wenn man sich statt der Holzstücke glatter Kiesel- oder Feldsteine bediene. Es sei hierbei nämlich die Erfahrung zu beobachten, welche man in Frankreich gemacht habe, wonach die Pökellake nach längerer Aufbewahrung giftige Eigenschaften annehmen soll. In Berührung mit der Holzfaser könnte dies auch der Fall sein.

*Verfahren von Richardson u. Watermann.* Ein ähnliches Verfahren liessen sich C. E. Richardson und W. F. Watermann für England patentiren. Das frische Fleisch wird zu Stücken gewöhnlicher Grösse zerschnitten, indem man die

Knochen darin lässt, und dann in ein metallenes Gefäss legt in der Art, dass zwischen den Stücken kleine Zwischenräume bleiben. Das Gefäss wird dann zugedeckt und in ein anderes grösseres Gefäss gestellt, welches von Holz sein kann; der Zwischenraum zwischen den beiden Gefässen wird mit einer Mischung von zerstossenem Eis und Kochsalz gefüllt. Das Fleisch bleibt nun der Wirkung dieser Kältemischung so lange ausgesetzt, bis es durch und durch gefroren ist. Dann nimmt man es heraus und bringt es sogleich in die Salzlake. Indem das Fleisch hier wieder aufthaut, dringt die Lake in die Poren desselben ein, da diese durch die beim Gefrieren eingetretene Ausdehnung des in dem Fleisch enthaltenen Wassers erweitert wurden, und durchdringt das Fleisch vollständig bis in's Innere der Stücke. In Folge dessen lässt sich das Fleisch nun auch bei warmem Wetter und in einem tropischen Klima aufbewahren. Als Salzlake verwendet man eine gesättigte Kochsalzlösung, (man kann die .aus der Kältemischung entstandene Flüssigkeit benutzen), welcher man für je 1 Bushel Salz $^1/_2$ Unze Salpeter und $^1/_2$ Pfd. Zucker zugesetzt hat. —

*Morgan's Methode.* Nach Morgan wird das Thier, wie gewöhnlich, durch einen Schlag auf den Kopf getödtet und auf den Rücken gelegt; die Brust und der Herzbeutel werden alsdann geöffnet. In die rechte und linke Herzkammer wird demnächst eine Oeffnung gemacht, das Thier aber so umgedreht, dass das Blut leicht ausfliessen kann. Hierauf soll in die Oeffnung der linken Herzkammer ein mit einem Hahne versehenes Rohr soweit eingeführt werden, bis es mit der Spitze in der Aorta (Hauptschlagader) steckt, in der es mit einer Schnur dicht am Herzen, so dass auch die Lungenarterie mit gefasst wird, festzubinden ist. Mit diesem wird ein zweites, 5,5 bis 6,3 Meter langes, 20 Millimeter weites Rohr verbunden, welches mit einem Gefässe in Verbindung steht, das so hoch aufgestellt ist, wie das Rohr lang ist. In diesem Gefässe befindet sich Salzlake, worin etwas Salpeter aufgelöst ist. Sobald der Hahn geöffnet wird, strömt die Flüssigkeit mit grösster Schnelligkeit und tritt schon nach 15 Sekunden nach der rechten Herzkammer wieder aus. Diese Operation wird ausgeführt, um alle Gefässe des Thieres für die Aufnahme der eigentlichen Conservirungsflüssigkeit vorzubereiten. Letztere besteht aus Salzwasser, zu welchem auf 50 Kl. 125 bis 250 Gramm Salpeter, 1 Kl. Zucker, etwas Gewürz und 15 Gramm einbasische Phosphorsäure gesetzt ist; die Infiltration geschieht auf gleiche Weise; auch ist es vortheilhaft, wenn die Flüssigkeit zum Kochen erhitzt ist. Die kochende Flüssigkeit coagulirt das in dem Gefässe enthaltene Eiweiss, indem diese Wirkung durch die Phosphorsäure noch bedeutend erhöht wird. So vorbereitete Thiere sollen sich ganz vorzüglich conserviren. Dass das Fleisch viel saftiger bleibt, versteht sich von selbst, da bei der gewöhnlichen Art des Einsalzens die Fleischflüssigkeit durch das Salz ausgezogen, das Fleisch also ausgetrocknet wird.

Ueber zweckmässige Art, Pökelfleisch zu bereiten, bemerkt Zechlin, dass alles Pökelfleisch sich besser hält, wenn es in einem engen Gefäss fest und hoch aufeinander gepackt und der Luft so wenig wie möglich Zutritt gestattet wird. Dies lässt sich jedoch bei Schweinefleisch nicht ermöglichen, weil die Schinken einen grossen Raum einnehmen, noch mehr die längeren Stücke des Specks, und müssen sie deswegen breit in flache, weite Gefässe gelegt werden. Die Nachtheile bleiben dann nicht aus, da Pökelfleisch, wenn es sich halten soll, unter Lake liegen muss. Schweinefleisch lakt aber sehr wenig, Speck fast gar nicht, es muss also, um es unter Lake zu halten, fleissig mit Lake begossen werden, wozu künstliche Lake verwendet wird, die aber weiter nichts ist, wie Salzlauge, während die eigentliche Lake Fleischsaft ist, welcher durch Salz ausgezogen, hauptsächlich eiweisshaltige und stickstoffhaltige Substanzen enthält; der Verlust an Nahrungssaft wird also durch Zusatz von künstlicher Lauge nicht ersetzt. Hierzu kommt noch, dass die stickstoffhaltigen Substanzen der Lake gerade die sind, die sich am leichtesten zersetzen, und hier tritt der Nachtheil der weiten, flachen Gefässe am klarsten hervor. Solange Schinken und Speck in einem Fasse liegen, bilden diese eine schützende Decke; diese kommen jedoch in den Rauch und dabei wird das andere Fleisch aufgelockert, seiner schützenden Decke beraubt und der Luft ausgesetzt. Bald bildet sich auf dem Fleisch ein halbröthlicher Niederschlag glissiger Beschaffenheit, ein Verwesungsprodukt. Werden die mit dem Niederschlage belegten Stücke schnell verbraucht, so ist keine Gefahr; dies ist jedoch bei vielen Fleischstücken, die im Fasse liegen, nicht möglich, der Luftzutritt ist immer stark und die Oxydation geht weiter. Der Niederschlag erhält eine gelbröthliche Farbe und tritt hier schon die Wirkung auf das Fleisch ein; es verliert an Farbe, bekommt einen faden Geschmack, der sich sämmtlichem Fleische im Fasse mittheilt und wird das Fleisch nun nicht schnell verbraucht oder tritt warme Witterung ein, so merken wir schon im Hausflur, wenn Pökelfleisch gekocht wird. Diese Nachtheile liessen sich vermeiden, wenn es möglich wäre, Speck und Schinken gar nicht zu pökeln, sondern gleich in den Rauch zu bringen, dann könnte für das übrige Fleisch ein enges Gefäss genommen werden, das Fleisch würde fest gepackt, die Lake stände höher und das Begiessen des Fleisches verursachte nicht die halbe Arbeit. Wenn Schinken und Speck gleich in den Rauch kommen sollen, dann müssen sie gleich nach dem Schlachten mit Salz eingerieben und in den Rauch gehängt werden; ein solcher Speck hält sich Jahre lang, ohne im Geringsten den Geschmack zu verändern; ebenso bleibt ein so behandelter Schinken viel saftiger, ist genügend salzig und hält sich ebenso gut, wie der eingepökelte. Das Schwein wird zerlegt, ehe das Fleisch ganz erstarrt ist, die weicheren Theile und der Schinken werden so lange mit einem Gemisch von 16,5 Gramm Salz und 2,5 Gramm Salpeter pro 500 Gramm des Schinkens eingerieben, bis dasselbe ganz verschwunden ist, dann kommt der Schinken gleich in den warmen Rauch, worin er so lange bleibt, wie jeder andere Schinken. Die Schulter oder Vorderschinken behandelt man folgendermaassen: die Schulter wird derartig herausgeschnitten, dass nach allen Seiten die Schwarte stark vortritt. Der Schulterknochen wird eigen gelöst, das Fleisch dabei so wenig wie möglich geschnitten, dann die Fleischfläche mit dem angegebenen Gemisch von Salz und Salpeter eingerieben. Nun wird das Fleisch zusammengerollt und mit starkem Bindfaden fest zusammengeschnürt, so dass die Schwarte fest alles zuschliesst. Wo an schmalen Seitenflächen durch Schnüren ein vollständiger Schluss nicht zu ermöglichen ist, wird derselbe durch festes Zusammennähen hergestellt. Diese Wurst wird dann 24 Stunden unter eine starke Presse gelegt und in dieser Form erstarrt gelassen, darauf leicht in Papier gewickelt und in den Rauch gehängt, wo sie längere Zeit bleiben muss, um ganz durchzuräuchern.

Es ist eine bekannte Thatsache, dass, wenn man ein Stück frisches Fleisch mit Salz einreibt, schon nach kurzer Zeit eine bedeutende Salzlake sich gesammelt und das Salz in dieser sich aufgelöst hat. Diese Bildung von Lake beruht darauf, dass sich von dem Salze, mit welchem das Fleisch eingerieben wurde, zunächst eine sehr geringe Menge in der dem Fleische oberflächlich anhaftenden Feuchtigkeit löst; zwischen dieser Lösung und dem Fleischsafte trat alsdann eine lebhafte Wechselwirkung ein, in Folge welcher von letzterem mehr und mehr aus dem Fleische austrat, während dafür von der Salzlösung eine entsprechende

Menge die Stelle des Fleischsaftes einnahm. Der ausgetretene Fleischsaft enthielt einen grossen Theil derjenigen Stoffe, auf welchen die Nahrhaftigkeit des Fleisches beruht; diese gehen mithin in die Salzlake über und, wo diese nicht benutzt wird, für die Ernährung verloren. Der beschriebene Process aber schreitet fort, bis zwischen dem Fleischsafte und der Salzlake vollkommenes Gleichgewicht hergestellt ist. Ein Ueberschuss von Salz wird also um so mehr dem Fleische von seiner Nahrhaftigkeit rauben, als er ein grösseres Austreten des Fleischsaftes bedingt. Bedenkt man ferner, dass durch die Einwirkung des Salzes die Fleischfaser dichter, also schwerer löslich, d. h. schwerer verdaulich wird, so sieht man ein, welche Bedeutung das Salzen des Fleisches in Bezug auf die Ernährung hat. Man braucht auch nur auf die Zufälle sich zu erinnern, denen der Seemann ausgesetzt ist, welchem andauernd kein anderes Nahrungsmittel zu Gebote steht, als nur gesalzenes Fleisch. Wer hätte nicht von den verheerenden Wirkungen des Scorbuts gelesen, der, lediglich eine Folge dieser Kost, so schnell wieder weicht, sobald nur irgendwie die Gelegenheit sich bietet, die Diät zu wechseln. Diesen nachtheiligen Einflüssen des Salzes auf das Fleisch gegenüber verdient die, um die Volksernährung durch ihre Fleischaufbewahrungsmethode verdienten Martin de Lignac's Erfindung volle Beachtung. De Lignac geht namentlich davon aus, dass nach der gewöhnlichen Methode die äusseren Theile des einzusalzenden Fleisches allzusehr der Einwirkung des Salzes ausgesetzt sind, während die inneren Theile und namentlich die am Knochen liegenden Partien verhältnissmässig nur wenig Salz enthalten, während gerade die letzteren dem Verderbniss am leichtesten unterliegen. Das Fleisch wird mithin ungleich gesalzen und dadurch sowohl, wie durch die oben angeführten Thatsachen eine wesentliche Beeinträchtigung der Verdaulichkeit, Nährkraft und Zuträglichkeit des Fleisches für den Körper herbeigeführt. Auf folgende, höchst sinnreiche Weise vermeidet nun de Lignac alle diese Mängel. Soll ein Schinken eingesalzen werden, so führt man zwischen den Knochen und die häutige Ausbreitung der Sehne mit Hülfe eines Troikars eine Sonde, welche mit einem Hahne verbunden ist, der andererseits mittelst eines Rohres mit einem Reservoir in Verbindung gebracht ist, welches 8 bis 10 Meter höher steht als das Fleisch. Dieses Reservoir ist mit gesättigter Salzlösung, welcher beliebige Gewürze beigemengt werden, gefüllt. Oeffnet man nun den Hahn, so dringt vermöge des grossen Druckes von dieser Flüssigkeit alsbald eine gewisse Menge zwischen die Muskeln und wird von dem den Knochen umgebenden Zellengewebe leicht aufgenommen. Von hier aus, wie aus einer Art Reservoir, durchdringt nun die Flüssigkeit schnell die einzelnen Fleischfasern in gleichmässiger und vollkommener Weise, führt jeder einzelnen genügend Salz zu und hat vor allen Dingen das am leichtesten veränderliche Gewebe in der Nähe des Knochens zuerst und sicher vor dem Verderben geschützt. Den so präparirten Schinken legt man nun einige Tage in Lake; weil aber das Fleisch schon Salz enthält, der Fleischsaft mit der concentrirten Salzlake gemischt ist, so wird auch keine oder wenigstens keine wesentliche Strömung und Wechselwirkung zwischen der Lake und der im Fleisch enthaltenen Flüssigkeit eintreten. Die Lake soll auch nur dazu dienen, durch ihren Druck die im Fleische enthaltene Flüssigkeit am Ausfliessen zu hindern und die äussersten Theile desselben noch hinlänglich mit Salz zu versehen. Die aus der Lake herausgenommenen Fleischstücke haben an Gewicht nichts verloren; sie werden nun aber bei mässiger Temperatur einem Luftstrome ausgesetzt, um sie einigermaassen von dem Wasser der künstlich hineingepressten Flüssigkeit wieder zu befreien. So verliert das Fleisch leicht 5 pCt. vom ursprünglichen Gewichte, dann aber kommt es in die Rauchkammer und bleibt hier, je nach der Grösse, verschieden lange Zeit. Diese letzte Operation ist nicht durchaus erforderlich zur Erhaltung des Fleisches, aber es gewinnt dadurch einen allgemein geschätzten Geschmack und für den Transport stellt sich noch der Vortheil einer bedeutenden Gewichtsverminderung heraus, indem es nach der Räucherung 12 bis 15 pCt. seines Gewichtes verloren hat, so dass es um 18 bis 20 pCt. weniger wiegt, als im frischen Zustande.

Die Vortheile dieser Methode sind in die Augen fallend. Sie ist billiger, indem sie gestattet, genau nur die durchaus nöthige Salzmenge dem Fleische zuzuführen, und diese übertrifft nur wenig die Quantität, mit welcher man das ungesalzene Fleisch zu würzen pflegt, so dass man also auf diese Weise gesalzenes Fleisch niemals zu wässern braucht. Es wird namentlich wichtig sein, diese Erfindung auf Rindfleisch anzuwenden, da dieses vermöge seiner Struktur. unter der herkömmlichen Weise des Einsalzens viel mehr leidet, als das dichtere Schweinefleisch, dessen Fasern noch dazu durch das reichlichere Fett besser geschützt sind.

*Pökeln von Schweinefleisch.* Das von J. Atkinson in England genommene Patent zum Pökeln von Schweinefleisch lautet wie folgt: Die zu pökelnden Theile des Thieres werden 36 Stunden lang in einem auf 5 ° C. gekühlten Raum hängen gelassen, sodann schichtenweise mit zwischem gelegten Eis und Salz in Kufen gepackt, hier 24 Stunden gelassen und nachher in die Beize gelegt, worin sie gleichfalls 24 Stunden bleiben. Man bringt sie dann wieder in den Kühlraum, diesmal 7 Tage, bestreut hierauf mit Salpeter und Salz, lässt das Fleisch abermals 7 Tage ruhen, salzt wieder und bringt die Pökeloperation mit Lagern des Fleisches für fernere 16 Tage in einem kühlen Orte zu Ende. Sollen so gepökelte Schinken u. s. w. gepackt werden, so befreit man sie durch Waschen mit Wasser von allem Salze, trocknet sorgfältig, reibt die äusseren Flächen mit fein gepulvertem Alaun ein und hüllt die Stücke in mit Alaunlösung getränktes Manillapapier.

*Verwerthung der Fleischlake.* Fast in allen Wirthschaften wird die Fleischlake gleich Null geachtet, und wenn das Pökelfleisch verbraucht, arglos fortgethan, obwohl dieselbe sehr viele kräftige Nährstoffe enthält, die man auf die leichteste Weise nutzbar machen kann. Ist das gepökelte Fleisch aus der Lake genommen, so wird diese Letztere in einen Kessel gebracht, langsam gekocht und der sich bildende Schaum sorgfältig abgenommen. Hat sich die Lake klar gekocht, so ist die rothe Farbe gänzlich fort und bleibt eine krystallhelle, etwas gelblich aussehende Flüssigkeit zurück, welche man dann vom Feuer nimmt und bis zur Lauwärme erkalten lässt, auf Flaschen füllt und, gut verkorkt, bis zum Gebrauche aufbewahrt, da sich der Fleischsaftextrakt sehr gut hält. Man kann den Extrakt zu jedem Gemüse, sowie zu Kartoffeln verwenden, er giebt allen diesen Gerichten den Geschmack, als seien sie mit Fleischbrühe gekocht und führt ihnen überdies das nöthige Salz zu; ebenso kann man der frisch gekochten Brühsuppe soviel, wie zum Salzen nöthig ist, von dem Extrakt zusetzen.

A. Whitelaw schlägt vor, durch Dialyse die (krystallinischen) Salze von den (colloidalen) Nährstoffen zu trennen und dann letztere auf irgend eine Weise in consumptionsfähige Form zu bringen. Die Pökelflüssigkeit wird zu diesem Zwecke entweder in einer Reihe von porösen Gefässen oder in Blasen, oder in mit Blasen- oder Pergamentpapier überzogenen durchlöcherten Gefässen in Wasser gehängt, dieses täglich einigemal erneuert und nach 3 bis 4 Tagen die von dem Salze befreite

Nahrungsflüssigkeit gesammelt, und zu Suppen oder auch nach vorherigem Eindampfen zur Darstellung von Fleischbiscuits verwendet. Auch kann man daraus Eiweiss darstellen. Da die dialytische Wirkung auch in salzigem Wasser stattfindet, so kann man auch die Operation am Bord der Schiffe zum Theil unter Anwendung von Seewasser ausführen, muss sie aber natürlich mit reinem Wasser beendigen. Auch zur Entsalzung des gepökelten Fleisches selbst empfiehlt Whitelaw dieses Verfahren. Man soll dasselbe mit seiner Salzlake in die dialysirenden Gefässe bringen und in Wasser hängen, bis fast alles Salz aus dem Fleisch wie aus der Lösung entfernt ist. Indem das Salz aus der Fleischfaser tritt, dehnt sich diese wieder aus, absorbirt die früher ausgegossene Flüssigkeit und erlangt dadurch den ursprünglichen Nahrungswerth wieder.

Sehr oft genügt jedoch das einfache Einsalzen des Fleisches nicht, sondern man lässt dasselbe im Rauche austrocknen. Das Räuchern des Fleisches, ebenfalls schon in uralten Zeiten bekannt, ist in Hamburg zu seiner Vollkommenheit gebracht worden, so, dass das Hamburger Rauchfleisch immer noch unerreicht dasteht.

Das Räuchern wird in eigens dazu eingerichteten Kammern vorgenommen, von deren einer Construction wir in folgender Zeichnung einen Durchschnitt geben (Fig. 13).

*Das Räuchern.* Das Räuchern. Die Ausführung des Räucherns ist in der Praxis sehr einfach; die genügend gesalzenen Dinge werden in den Rauchfang oder mehr oder weniger in der Höhe im Kamin aufgehängt und bleiben dort hängen, bis sie genügend trocken und genügend geräuchert sind. Für Wohlgeschmack und für die Haltbarkeit der Fleischwaaren ist es gut, sich über einige Punkte Klarheit zu verschaffen, um so mehr, als man doch sehr häufig geräucherte Fleischwaaren antrifft, die besser sein könnten, und von welchen viel weniger aussen als unbrauchbar abgeschnitten zu werden brauchte, wenn sie sorgfältiger geräuchert worden wären. Das Wesentlichste für die Haltbarkeit des Fleisches ist nicht etwa die grosse Menge Rauch, die hierzu verwendet wird, sondern das gleichmässige und richtige Austrocknen des Fleisches. Die Richtigkeit dieser Annahme geht schon daraus hervor, dass man im Süden von Nordamerika und Südamerika Fleisch ohne Rauch nur dadurch aufbewahrt, dass man es in dünne Riemen schneidet und es austrocknet. Auch bei uns wird an manchen Orten das gesalzene Fleisch nicht geräuchert, sondern an einen zugigen Ort gehängt, und von Zeit zu Zeit mit Holzessig angestrichen. Der Holzessig hat hier dieselbe Wirkung wie der Rauch, d. h. er schützt das Fleisch in erster Linie so lange vor schädlichen Insekten und schädlichen Pilzen (Schimmel) und vor Fäulniss, bis dasselbe so weit ausgetrocknet ist, dass es nicht mehr verdirbt.

Schädliche Wirkung auf das Räuchern hat:

1. zu hoher Wärmegrad des Rauches,

2. Wasserdämpfe und Wasser, das sich auf den Fleischwaaren ablagert.

Fig. 13.

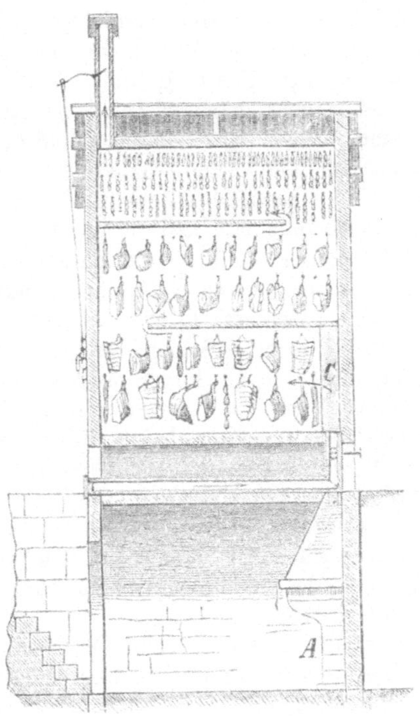


Durch sehr warmen trockenen Rauch trocknet die Oberfläche des Fleisches zu rasch aus, es entsteht eine Kruste und in dieser entstehen Risse; durch die Wärme kann ferner ein Theil des Fettes schmelzen. Diese beiden Umstände sind für Haltbarkeit,

Aussehen und Wohlgeschmack des Fleisches nur nachtheilig. Wasserdämpfe und das Wasser, das sich an den Fleischwaaren ablagert, sind ohne Zweifel noch öfter schädlich als der hohe Wärmegrad. Hängt Fleisch in dem Rauchfang einer Küche oder gar einer Waschküche, so gelangt viel Wasserdampf an dasselbe, der offenbar ein gleichmässiges Austrocknen des Fleisches hindert. Während der Nacht oder zu anderer Zeit, zu welcher man nicht heizt, wird das Fleisch stark abgekühlt. Wird wieder Feuer gemacht, so entsteht schon durch das Verbrennen von Holz, weit mehr noch durch das Kochen von Wasser oder wässerigen Flüssigkeiten eine grosse Menge Wasserdampf, der sich an den kalten Fleischwaaren verdichtet, wie der Wasserdampf des Zimmers sich im Winter an den kalten Fenstern ablagert (Schwitzen der Fenster); die Fleischwaaren werden schmierig und es vergeht geraume Zeit, bis sie wieder soweit ausgetrocknet sind, als sie vorher waren. Sind die Fleischwaaren durch den Rauch gebräunt, und werden sie durch dieses Ablagern von Wasser an ihrer Oberfläche wieder nass, so löst sich ein Theil der Rauchstoffe auf und dringt weiter in das Innere des Fleisches. Hierdurch kommt es oft, dass geräuchertes Fleisch mehre Linien weit von aussen nach innen braun gefärbt ist, und einen schlechten Geschmack hat; während beim richtigen Räuchern nur eine sehr dünne Schicht des Fleisches oder Speckes braun sein und stärker nach Rauch schmecken soll. — Die Rauchstoffe können auch dann in zu grossen Mengen weit in das Fleisch eindringen und dieses braun färben, wenn der Rauch zu warm war; hierdurch schmilzt ein Theil von dem Fett, das Rauchstoffe auflöst und mit diesem in das Innere des Fleisches oder des Speckes dringt. Man sieht oft Speck, der bis auf mehre Centimeter nach Innen braun ist, nur weil er während des Räucherns oder des Aufbewahrens zu warm oder zeitweise feucht wurde (schwitzte).

Welches ist nun das beste Verfahren Fleischwaaren zu räuchern? Eine gute Rauchkammer hat sowohl für das Räuchern von Fleisch als für das Aufbewahren geräucherter Fleischwaaren so grossen Werth, dass sie in keiner Haushaltung, wo man Fleisch räuchert, fehlen sollte. Nessler beschreibt im Nachfolgenden eine Vorrichtung, wie sie sich in einer kleinen Haushaltung, wo man zuweilen ein Schwein schlachtet, sehr gut bewährt hat. An einen Kamin wurde im dritten Stocke des Hauses ein Raum von 70 Centimeter Tiefe, 50 Centimeter Breite und 2 Meter Höhe angebaut, und mit einer eisernen Thüre versehen. Dieser Raum ist mit dem Kamin durch zwei Oeffnungen in Verbindung, wovon die eine in den unteren, die andere in den oberen Theil des Raumes mündet. Am unteren Theile der oberen Oeffnung ist ein Blechschieber angebracht, welcher in den Kamin hineingeschoben werden kann. Wird dieser Schieber hineingeschoben, so geht der Rauch durch die untere Oeffnung in die Rauchkammer, und verlässt diese wieder durch die obere Oeffnung. Selbstverständlich kann man diesen Schieber auch in anderer Weise, oft bequemer ausserhalb der Rauchkammer anbringen, er muss nur unter der oberen und über der unteren Oeffnung liegen, so dass, wenn er geschlossen wird, der Zug des Kamins durch die Rauchkammer geht. In Beziehung auf die Grösse dieser Oeffnungen ist zu bemerken, dass dieselben so breit als die Weite des Kamins und etwas höher als breit zu machen sind. Werden sie zu klein gemacht, so wird durch das Einschieben des Schiebers der Zug zu sehr vermindert, was im geringen Maasse durch solche Rauchkammern immer geschieht.

Zum Aufhängen des Fleisches hat man auf beiden Seiten je genau gegenüber und der Höhe nach alle 50 Centimeter auseinander eine Reihe von Backsteinen nach innen vorspringen lassen; die Fleischwaaren werden an Eisenstäbe gehängt, die auf diese vorspringenden Steine von einer Seite der Kammer zur anderen gelegt werden. Wo Steinkohlen im Hause gebrannt werden, hat man ein sehr kleines Oefchen neben die Rauchkammer zu stellen und dasselbe mittelst eines Rohres mit dieser zu verbinden. Wird Fleisch zum Räuchern in die Rauchkammer aufgehängt, so wird Morgens in diesem Oefchen mit einigen Händen voll Säge- oder anderer Späne Rauch erzeugt, der in die Rauchkammer geht. Des Tags wird bei Steinkohlenfeuerung, weil ja beim Auflegen von Kohle zu viel Rauch entsteht, der Zug des Kamins nicht durch die Kammer geleitet. Abends schiebt man den Schieber ein, so dass der Zug des Kamins die ganze Nacht durch die Rauchkammer gehen kann. Wird statt Steinkohlen Coaks gebrannt, so lässt man Tag und Nacht den Zug des Kamins durch die Rauchkammer gehen, und leitet nur von Zeit zu Zeit etwas Holzrauch aus dem daneben stehenden Oefchen in die Rauchkammer. Das Räuchern und Trocknen der Fleischwaaren geht in diesen Räucherkämmerchen immer ganz vorzüglich von statten. Es versteht sich von selbst, dass man je nach Bedürfniss die Rauchkammer grösser machen kann; obige Grösse genügt für Fleischwaaren von einem Schwein sehr gut.

Wenn das Fleisch aus dem Salze kommt, wird es zuweilen, bevor man es in den Rauch hängt, in Sägespänen oder in Kleie umgewendet oder damit bestreut, damit hiervon überall am Fleische hängen bleibt. Dieses Verfahren ist ohne Zweifel sehr zweckmässig, es entsteht jetzt eine weniger starke Rauchkruste am Fleische selbst, und wenn Wasserdämpfe sich verdichten (das Fleisch schwitzt), so bleibt diese Feuchtigkeit vorzugsweise in der Kleie oder dem Sägemehl; die erwähnten braunen Rauchstoffe werden also nicht, oder weniger mit solchem Wasser in das Fleisch eindringen. Vor Verwendung des Fleisches können Sägemehl oder Kleie sehr leicht entfernt werden.

Das Aufbewahren der geräucherten Fleischwaaren. Man hört sehr oft Klagen darüber, dass der Keller feucht sei, der Speicher zu warm, im Kamin trocknen die Fleischwaaren zu stark aus und sonstige Räume habe man im Hause nicht, wo die Fleischwaaren füglich aufbewahrt werden könnten, ohne dass sie schimmeln.

Was ist nun gefährlicher, Wärme oder Feuchtigkeit und dumpfe Luft? — Dass bei höherem Wärmegrade Gährung, Verwesung und Fäulniss rascher vor sich gehen, als bei niederem Wärmegrade ist allbekannt, und wird von Niemanden bezweifelt werden können; doch ist die Wärme an und für sich bei geräucherten Fleischwaaren nicht so gefährlich, wenn nur Feuchtigkeit abgehalten und genügende Bewegung der Luft vorhanden ist. Nessler hat gefunden, dass man auf griechischen Schiffen bei + 29° R. im Schatten am Tage und + 23° R. in der Nacht Würste von rohem Fleisch (sogenannte Göttinger Würste) und Schinken so gut erhalten konnte, nicht etwa auf Eis, sondern nur an einem zugigen Orte aufgehängt. In Griechenland sah derselbe einen sogenannten Fliegenschrank zur Aufbewahrung des Fleisches im Schatten der Bäume an einem luftigen Platze angebracht. Im Keller (Felsenkeller) war ein Wärmegrad von + 17° R. und doch hat man es vorgezogen, auch nicht geräucherte Fleischwaaren bei obigem Wärmegrade im Freien aufzubewahren, weil hier starke Bewegung der Luft vorhanden war, während im Keller auch bei dem erheblich niedren Wärmegrade Feuchtigkeit und dumpfe Luft ohne Zweifel noch viel schädlicher gewesen wären, als jener höhere Wärmegrad. Ist ein Keller nicht sehr trocken, so schimmeln die geräucherten Fleischwaaren sehr leicht, man mag sie aufbewahren, wie man will, auch wenn sie in Asche, Kohle oder Sägemehl gesteckt werden, wie dies schon empfohlen wurde. Der geeignetste Ort, geräucherte Fleischwaaren aufzubewahren, dürfte in weitaus den meisten Fällen eine gute Rauchkammer sein; in dieser bleibt das Fleisch trocken, ohne dass es so stark austrocknet, als wenn man dasselbe in dem Kamin hängen lässt. Je nach den Heizungen, welche an dem Kamin liegen, und je nachdem die Rauchkammer in geringerer oder grösserer Entfernung von den Heizungen sich befindet, wird man beim Aufbewahren des Fleisches den Schieber mehr oder weniger stark herausziehen, also den Zug des Kamins schwächer oder stärker durch die Rauchkammer leiten.

Ausser den feuchten und dumpfen Orten sind besonders jene Räume für die Aufbewahrung von geräucherten Fleischwaaren ungeeignet, wo grosse Temperaturschwankungen vorkommen. Wird z. B. der Raum, in welchem Nahrungsmittel aufbewahrt werden, im Winter sehr kalt, und wird er dann zuweilen durch Oeffnen eines geheitzten Raumes erwärmt, so beschlagen sich die Nahrungsmittel mit Wasser, was sehr leicht zum Verderben derselben beitragen kann. Ein bleibend warmer Raum ist deshalb für die Aufbewahrung der geräucherten Fleischwaare geeigneter als solcher, wo grosse und häufige Schwankungen des Wärmegrads vorkommen.

*Einsalzen, Einpökeln und Räuchern des Fleisches.*

Ein sehr zweckmässiges Verfahren des Einsalzens, Einpökelns und Räucherns des Fleisches ist nachfolgendes: Das Fleisch wird zuvor in Stücke zertheilt, diese sodann mit einer Mischung von Kochsalz und Salpeter tüchtig eingerieben, worauf man solches in gewöhnliche oder Schraubenfässer von Eichenholz, welche rein sein müssen und deren Boden mit Salz bedeckt ist, zwischen Salz und Lorbeerblätter einpackt. Das Fleisch muss so fest eingeschichtet werden, dass nirgends eine Lücke bleibt. Zu diesem Zwecke belegt man erst die Wände des Fasses mit Fleischstücken, die keine oder doch nur solche kleine Knochen haben, welche nachgeben, aber auch nicht unmittelbar an den Rand des Fasses gebracht werden dürfen, weil dadurch Lücken entstehen, welche nicht durch Zusammenpressen ausgefüllt werden können. Die Knochen, welche im Fleische sitzen, müssen sorgfältig nach der Mitte geschichtet und mit Fleischstücken umgeben werden, so dass die ganze Schicht endlich eine feste Lage und eine ziemlich gleiche Oberfläche erhält. Man drückt sie dann nochmals fest mit den Händen ein, macht eine zweite Schicht auf gleiche Weise und fährt so fort bis das Fass voll ist. Zur Verfeinerung des Geschmackes kann man auch etwas grob gestossenen Pfeffer, Piment,

Rosmarin, Nelken, getrockneten Thymian, Wachholderbeeren, Basilicum dazwischen streuen. Kochsalz und gestossener Salpeter, von denen man auf 50 Kl. Rindfleisch 3 Kl. Kochsalz und 33 Gramm Salpeter, bei Schweinefleisch etwas mehr, bei Hammelfleisch gar keinen Salpeter rechnet, müssen vorher getrocknet werden. Es ist gut, das Fleisch, welches viele Knochen enthält, für sich allein in einem Fasse einzusalzen. Das Fass mit dem eingesalzenen Fleische wird nun mit einem Boden, welcher mit einer Oeffnung zum Herausnehmen des Fleisches versehen sein muss, fest verschlossen, in jene Oeffnung aber ein genau passendes Brett gelegt, dessen Fugen gut verstopft werden. In den Deckel kann ein Loch zum Nachgiessen von Salzsoole gemacht werden, welches mittelst eines Korkes zu verschliessen ist. Die Fleischfässer wendet man in den ersten vier Wochen täglich einmal um, indem man sie einigemal hin- und herrollt. Nach dieser Zeit braucht das Umwenden nur allwöchentlich einmal zu geschehen. Im Sommer muss die alte Salzlauge abgegossen und durch neue ersetzt werden. — Die Schraubenfässer lassen sich nicht umwenden, und es ist daher nothwendig, dieselben im Anfang aufzuschrauben und zu untersuchen, ob die Salzsoole das Fleisch bedeckt; wenn dieses nicht der Fall ist, muss die Salzsoole nachgegossen werden. Fleisch, welches in offenen Tonnen eingesalzen wird, beschwert man mit Deckeln und Steinen, legt es täglich um und begiesst es später alle 3 bis 4 Tage mit Soole. Einzusalzendes oder schon eingesalzenes Fleisch muss man vor dem Gefrieren bewahren und daher die Gefässe da aufstellen, wo der Frost nicht eindringt. — Ausser dieser gewöhnlichen Methode des Einsalzens hat man noch verschiedene andre Verfahrungsarten, wovon wir folgende anführen wollen:

1. Man kocht über gelindem Feuer 3 Kl. Kochsalz, 500 Gramm Zucker und 100 Gramm Salpeter in 12 Liter reinem Wasser, schäumt diese Masse, wenn es nöthig ist, während des Kochens ab und giesst sie, wenn sie erkaltet ist, über das Fleisch, welches von dieser Lake vollständig bedeckt sein muss. Bevor das Fleisch in die Lake gelegt wird, muss das Blut herausgedrückt, das Fleisch gut gewaschen und rein ausgetrocknet werden. Diese Lake kann man zweimal gebrauchen, wenn man sie wiederum aufkocht und etwas Kochsalz, Zucker und Salpeter zusetzt.

2. Soll das Fleisch Jahrelang in gepökeltem Zustande aufbewahrt werden, so befreit man es von allen blutigen und unreinen Theilen und zertheilt es in Stücke von 2 Kl. Diese

Stücke werden mit Salz eingerieben und zwar jedes eine Minute lang, dann wird das Fleisch in Fässer dicht eingelegt, jede Schichte mit Salz bestreut und die Oberfläche des Fasses nach der Füllung mit Gewichten beschwert. So bleibt das Fleisch 10 bis 14 Tage liegen, dann wird es herausgenommen und in Tonnen auf obige Art von Neuem eingelegt. Die Tonnen werden dann oben verschlossen, auf die Seite gelegt und der in der Mitte befindliche Spund geöffnet, um die zubereitete Salzlake auszugiessen. Zu diesem Zwecke wird die aus den ersten Fässern zurückgebliebene Salzlake gekocht und so lange abgeschäumt, als sie noch eine Spur von Schaum zeigt. Nachdem die Masse erkaltet, werden die Tonnen durch das Spundloch bis zum Ueberfliessen damit gefüllt, und wenn kein Nachfüllen mehr nöthig ist, wird der Spund fest eingeschlagen.

3. Die Keule, als das zum Pökeln dienlichste Stück, von einem wenigstens 6 Jahre alten Ochsen wird von allen Knochen befreit. Man schneidet nun auch das in der Mitte befindliche Fett aus, lässt aber das Uebrige daran, dann theilt man das Fleisch in mehrere Stücke. Die weitere Behandlung ist wie bei 2. angegeben, nur dass auf den Boden des Fasses noch Gewürznelken, Lorbeerblätter und etwas Rosmarin gestreut werden und auf jede Fleischschicht wieder eine solche Gewürzlage kommt. Will man dem eingesalzenen Fleisch eine schöne rothe Farbe geben, so wendet man die „englische Salzbeize“ an. Dieselbe besteht aus 190 Theilen Kochsalz, 3 Theilen Salpeter und 32 Theilen Zucker in 1200 Theilen Wasser durch Kochen aufgelöst und abgeschäumt. — Um in sehr kurzer Zeit Pökelfleisch zu erhalten, füllt man ein reines hölzernes Gefäss bis fast an den Rand mit reinem Fluss- oder Regenwasser, legt einige Stäbe kreuzweise darüber und auf diese das Fleisch so, dass es ungefähr 25 Millimeter von dem Wasser absteht. Hierauf wird so viel Salz auf das Fleisch gestreut, als darauf liegen bleibt. Schon nach 24 Stunden hat es den Pökelgeschmack.

Abweichend von dem vorgeschriebenen Verfahren ist die Pökelmethode desjenigen Fleisches, welches geräuchert werden soll. Von dem Rindfleisch eignen sich dazu vorzugsweise Brust und Rippenstücke. Das Fleisch wird ebenso, wie vorangegeben, eingesalzen bleibt, aber nur drei Wochen im Salze liegen. Von dem Schweine werden hauptsächlich Rückenstücke, Schälrippe, Speckseiten, Schinken, Schulterblätter geräuchert. Diese Fleischstücke werden vorher mit Kochsalz und Salpeter eingerieben, wobei man auf 500 Gramm Salz 8 Gramm Salpeter rechnet, in eine Wanne aufeinander geschichtet und täglich fünf bis sechsmal mit der entstandenen Lake begossen. Die Speckseiten müssen alle 4 Tage umgelegt und die untersten nach oben gebracht werden. Die Speckseiten bleiben drei, die Schinken und Schulterblätter 4 Wochen, die übrigen Stücke nur einige Tage in der Lake liegen.

Was insbesondere das Einsalzen der Schinken anbelangt, so wird oft der Fehler dabei begangen, dass man den Pfeffer am Knochen hinab so tief als möglich einbringt, in der Meinung demselben eine längere Dauer zu verschaffen. Dieses Verfahren ist aber schädlich, weil dadurch das Fleisch von dem Knochen getrennt wird, die Luft eindringt und eine baldige Fäulniss eintritt. Ueberhaupt giebt der Pfeffer dem Fleische keine Haltbarkeit, sondern diese hängt nur von der Anwendung des Salzes ab. Von dem Salze muss man so viel als nöthig an den Knochen bringen, aber das Fleisch muss man nicht vom Knochen trennen. Salzt man Schinken, die noch vor dem Sommer verbraucht werden sollen, im Winter ein, so bedarf es der Anwendung des Pfeffers gar nicht, denn dieser verbessert nicht etwa den Geschmack des Schinkens, sondern zerstört vielmehr das Zarte desselben. Vorzügliche Methoden zum Einsalzen des Schinkens sind folgende:

1. Man rechnet auf einen Schinken von 6 Kl. 33 Gramm Salpeter, 375 Gramm Kochsalz und 16,5 Gramm schwarzen Pfeffer. Mit diesen Stoffen reibt man den Schinken ein, den man 3 Tage stehen lässt, dann schüttet man 250 Gramm Zuckersyrup darüber und lässt ihn 24 Stunden stehen. Nach dieser Zeit kehrt man ihn während eines Monats alle Tage um und reibt jedesmal die Flüssigkeit gut in denselben ein, dann legt man ihn 12 Stunden lang in kaltes Wasser, trocknet ihn gut ab und räuchert ihn.

2. Schinken, welche den Geschmack der westphälischen erhalten sollen, behandelt man auf folgende Weise: Zu einem grossen Schinken nimmt man 1 Kl. Kochsalz, 40 Gramm Salpeter, 325 Gramm Zucker und $^{4}/_{10}$ Liter altes Bier, kocht alles und giesst die Masse siedend heiss über den Schinken. Sechzehn Tage wendet man ihn täglich um und reibt ihn gut ein.

3. Um Schinken nach amerikanischer Art zuzubereiten, nimmt man zum Einsalzen eine Mischung von 4 Theilen Kochsalz und 1 Theil rein gesiebter Holzasche. Mit dieser Mischung wird jeder Schinken 18 Millimeter hoch bedeckt. Leichtere Schinken bleiben fünf, schwerere 6 bis 7 Wochen in der Salz-

lake. Vor dem Aufhängen in den Rauch werden die Schinken mit lauwarmem Wasser abgewaschen, von Salz und Asche mittelst eines Tuches gereinigt und dann in die „Fleischfarbe" getaucht. Dieselbe besteht aus feiner Holzasche, welche mit warmem Wasser angemacht wird. Diese Farbe giebt dem Fleische einen Ueberzug, der dasselbe gegen die Fliegen schützt und das Abtröpfeln verhindert.

4. Man mische $2^1/_2$ Pfd. Salpeter in $^1/_2$ Bushel Salz, fein gepulvert mit 3 Pfd. braunem Zucker und $^1/_2$ Gallone Zuckersyrup, reibe das Fleisch mit dieser Mischung gut ein und lege dasselbe ein. In jeder Woche packe man das Fleisch gut um und füge ein wenig Salz demselben zu. Nach 2 bis 3 Wochen wird das Fleisch herausgenommen, abgewaschen und 2 bis 3 Wochen zum Abtrocknen aufgehängt.

5. Nachdem das Fleisch von den Knochen gelöst ist, wird es Stück für Stück mit feingestossenem Salpeter an der Fleischseite eingerieben und zwar wo die Knochen waren, ein Esslöffel voll Salpeter auf jeden Schinken und ein Theelöffel voll auf jedes Schulterstück verwendet; halb soviel wird für die Mittelstücke genommen. Hierauf wird es beim Packen gesalzen und je eine dünne, 6 Millimeter starke Salzschicht zwischen die Fleischlagen gebracht, welche mit der Fleischseite auf dem Salze zu liegen kommen. Man legt das Fleisch auf ein Holzgerüst oder auf eine dichte Bretterlage in einer kühlen Tonne, und schichtet es mit Brettstückchen wechselnd auf. Das Fleisch muss mit der Hautseite nach unten gelegt werden in folgender Ordnung: Erste Lage: Die Hinter-, zweite Lage: Die Vorderviertel, dritte Lage: Die Mittelstücke, vierte Lage: Die kl. Stücke. Alles ohne Knochen. In dieser Weise bleibt das Fleisch bei mildem Wetter sechs Wochen, bei kühlem acht Wochen liegen; die Lake lässt man ungehindert abfliessen.

6. Ein halbes Bushel feines Salz, 5 Pfd. brauner Zucker, $2^1/_2$ Pfd. Salpeter, $^1/_2$ Gallone besten Syrup werden gemischt, dann reibt man mit derselben das Fleisch bis zum Verschwinden der Mischung ein, und legt das Fleisch ein. Es muss jede Woche einmal aus dem Pökel sechs Wochen hindurch herausgenommen werden. Die beiden ersten Male wird zur Lake ein kleiner Teller (pate) Alaun hinzugefügt.

*Vorsichtsmaassregeln beim Räuchern.* Um Fleisch, Schinken, Würsten, Zungen, Geflügel u. s. w. die längste Dauer zu geben, werden dieselben geräuchert. Dem Räuchern muss das Einsalzen vorausgehen. Man räuchert aber das Fleisch nicht nur, um es gegen Fäulniss zu schützen, sondern auch um ihm einen angenehmen Geschmack zu ertheilen. Fleisch, das durch Räuchern vollkommen ausgetrocknet ist, widersteht zwar der Fäulniss am besten, ist aber nicht zu geniessen, sondern ähnelt jenen Thierhäuten, welche asiatische Völkerhorden durch Räuchern in Leder verwandeln. Setzt man das zu räuchernde Fleisch unmittelbar dem Rauche aus, so wird grosse Vorsicht erfordert, wenn es gehörig weich, zart und schmackhaft werden soll. Im Allgemeinen ist zu bemerken, dass der Rauch nicht heiss, sondern möglichst abgekühlt zu dem Fleische gelange, dass man niemals mit Torf oder Kohlen, sondern stets mit Holz, am besten mit Wachholderreisig oder grünem Tannenreisig räuchern muss, weil davon das Fleisch einen angenehmen Geschmack erhält. Das Fleisch darf auch nicht lange im Rauche hängen, weil es sonst zähe und unverdaulich wird; dasselbe ist dann genug geräuchert, wenn es eine hellbraune Farbe erlangt hat. Sehr zu empfehlen ist es, die zu räuchernden Fleischwaaren nicht unmittelbar dem Rauche auszusetzen, sondern sie durch leichte Hüllen gegen unmittelbare Einwirkung des Rauches zu schützen, damit sie nicht nur das gehörige Maass von Feuchtigkeit behalten, sondern auch keinen widerlichen Beigeschmack erhalten. Dieses wird um so eher erreicht, wenn die Hüllen von der Art sind, dass sie die ätherischen Brandöle des Rauches einsaugen, ohne solche in das Fleisch eindringen zu lassen. Den besten Dienst leistet die Kleie, weil sie das Oel einsaugt und die Wärme nicht leitet. — Was speciell das Räuchern der verschiedenen Fleischarten betrifft, so muss das Rindfleisch vorher gut abgetrocknet, an den Stellen, wo es durchgehauen ist, verklebt, dann in einfache grobe Leinwand genäht werden. Der Rauch darf nur gelinde sein. Oder das Fleisch wird dem frisch geschlachteten Thiere entnommen und sogleich in einem Gemenge von 1 Theil gepulvertem Salpeter und 32 Theilen Kochsalz gehörig eingerieben, dann überall mit so viel Kleie bestreut, als hängen bleiben will und entweder unmittelbar, oder in einen einfachen Bogen abgenutzten Druckpapiers gewickelt in den Rauch gehängt. Das geräucherte Fleisch bekommt ein dem stark geräucherten Lachs ähnliches Ansehen, schmeckt sehr angenehm und hält sich Jahre lang. Zungen hängt man nur acht Tage in den Rauch; sehr schmackhaft werden sie, wenn sie in Rinderdärme gesteckt in den Rauch gesteckt werden. Schinken wälzt man vor dem Aufhängen in den Rauch, sobald sie aus der Lake genommen sind, gut in Weizenkleie herum. Sobald Speck und Schinken gelblich geräuchert sind, werden sie aus dem Rauche genommen und in einer kühlen, luftigen Kammer aufgehängt. Ebenso werden die geräucherten Würste in der ersten Zeit aufbewahrt. Spanferkel werden in Papier eingewickelt in den Rauch eingehängt. Vom Kalbe kann man Brüste und Keulen, nachdem dieselben 14 Tage gepökelt wurden, räuchern; der Rauch darf aber nur gelinde sein. Die Gänse, sowie die Gänse- und Entenbrüste wälzt man, nachdem sie drei bis vier Wochen eingepökelt waren, in Roggen- oder Weizenkleie herum, bindet sie an hölzerne Spiesse und hängt sie in einen gelinden Rauch. Nach 8 Tagen werden sie abgenommen und noch 3 Tage an einen luftigen Ort gehängt, dann reibt man die Kleie ab und bewahrt die geräucherte Waare an einem kühlen und trockenen Orte auf.

Besondere Räucherungsmethoden sind folgende:

*Schnellräucherung.* 1. Die Räucherung ohne Rauch oder die Schnellräucherung. Der zu räuchernde Gegenstand muss die gehörige Zeit in Salz gelegen haben, aus dem Salze genommen, bestreicht man ihn mittelst eines kleinen Flederwisches einmal mit roher Holzessigsäure und hängt das so angestrichene Stück 2 bis 3 Tage an einen luftigen, frostfreien Ort. Nach dieser Zeit kann man das Fleisch, Wurst u. s. w. schon als geräuchert geniessen. Starke Würste, Schinken u. s. w. werden in Zwischenräumen von je 8 Tagen zwei- bis dreimal mit der Holzessigsäure bestrichen. Am besten hängt man Fleisch, Würste u. s. w. auf und bestreicht sie hängend; die ablaufende Flüssigkeit fängt man in einem untergesetzten Gefässe auf. Zu bemerken ist jedoch, dass so geräucherte Waare weniger zart und saftig ist und nicht den guten Geschmack hat, als die auf die gewöhnliche Art geräucherte.

2. Zum Bedarf für Haushaltungen erfand Siemens ein Verfahren, durch welches man sich binnen einigen Stunden aus frischem Fleische das beste gar geräucherte und zugleich gar gekochte Rauchfleisch bereiten kann, und man der ansehnlichen Verluste beim Pökeln und Räuchern an der Luft und in Rauchkammern nicht allein überhoben ist, sondern auch den Wohlgeschmack des Fleisches sehr erhöht. Dies geschieht, indem man das Salzen, Räuchern und Kochen schnell auf einander folgen lässt und zwar letzteres mittelst heisser Rauchdämpfe, welche das Fleisch kochen und zugleich räuchern, indem sie ihre Holzsäure sehr schnell und rein in das Fleisch absetzen, dass sich auch nicht der geringste Nebengeschmack bemerkbar

macht. Man legt zu dem Ende das einzusalzende Fleisch zuvor in warmes Wasser von 62,5 bis 75° C., damit die Poren zur Aufnahme des Salzes sich öffnen. Sobald das Fleisch durchwärmt ist, wird zuerst der nöthige Salpeter aufgestreut und eingerieben, sodann die nöthige Menge Kochsalz. Hierauf wird das Fleisch mit einer reinen Rindsblase überzogen, darin fest eingeschlossen und sogleich in die heissen Dämpfe gehängt. War das Stück Fleisch zu dick, so dass das Fleisch nicht gehörig durchziehen konnte, so kann man oben in die Blase noch etwas Salz nachdrücken, das sich in der Wärme dem Fleische bald mittheilt. Um die Blasen zu diesem Zwecke einzurichten, schneidet man sie oben so weit als nöthig aus, um das Fleisch einzubringen und versieht den Rand mit Saum und Schnur. Kurz vor dem Gebrauche wird die Blase in warmem Wasser eingeweicht und das Fleisch in der Art damit überzogen, dass im Umkreise des Fleisches noch ein Raum von 3—4 Millimeter bleibt, damit das etwa ausgeschwitzte Fett Raum findet. Will man einen schweren Schinken räuchern oder kochen, so ist die Blase, wenn sie den Schinken nicht ganz einzuschliessen vermag, an den Schenkeln desselben festzuschnüren. Die Seitenknochen kann man von dem Fleische trennen, dasselbe auch mehr in's Längliche oder in's Quadrat schneiden. Nach jedesmaligem Gebrauch werden die Blasen ausgewaschen, mit Heu ausgestopft und zum Trocknen aufgehängt. — Die Vorrichtung zu den heissen Rauchdämpfen ist folgende: Ueber ein Kasserolloch wird eine kleine Tonne ohne Boden gesetzt, durch welche die Dämpfe des Schmauchfeuers streichen müssen. Oben in dieses Tönnchen wird die Blase mit dem Fleische gehängt und dann das Tönnchen mit einem mehrfach doppelt gelegten Tuche bedeckt. Nothwendig ist es, das Kasserolloch mit kleinen Steinen zu füllen, damit die Flamme nicht hoch aufschlagen kann und sich aller Staub an den Steinen absetzt und eine möglichst gleichmässige Temperatur erzielt wird. Am besten verwendet man hierzu kleine Kieselsteine, die nach jedesmaligem Gebrauch im Wasser abgespült werden. Die Rauchdämpfe müssen wenigstens die Temperatur des kochenden Wassers behalten, weshalb stets nasses Holz eingelegt wird. Ueber 106° C. darf die Hitze nicht steigen.

*Aufbewahrung von geräucherten Fleischwaaren.* Alle geräucherten Fleischwaaren werden, sobald sie aus dem Rauche genommen sind, mit einem Tuch oder Strohwisch rein abgerieben, mit trocken gesiebter Asche bestreut und entweder in einer trockenen, kühlen, luftigen Kammer, oder in einen festen Kasten eingeschichtet und an einem kühlen Orte aufbewahrt. Damit die geräucherten Waaren sich um so besser halten, bedeckt man die Böden der Kisten 25 Millimeter hoch mit kurzem Häcksel von Roggenstroh und streut zwischen jede Schichte Fleisch 25 Millimeter hoch Häcksel.

Das Verpacken der geräucherten Waaren in Malzkeime leistet gute Dienste, weil solche dem Fleische u. s. w. einen feinen Geschmack ertheilen.

*Ersatzmittel der Räucherung.* Bei der zunehmenden Feuerung mit Stein- und Braunkohlen, Torf u. s. w. statt mit Holz, wird die Räucherung des Fleisches und der Würste immer schwieriger, und da der Holzessig, dessen man sich hin und wieder gleichfalls zur Erhaltung der Würste u. s. w. bediente, die besten Schinken und Würste verdirbt, so dürfte folgendes Ersatzmittel sehr willkommen sein. Nach Jaeger's erfolgreichen Versuchen nimmt man zu den Würsten, zu Speck und Schinken eines Schweines von 60 Kl. Gewicht 500 Gramm Glanzruss von reiner Holzfeuerung, wie solcher sich in den unteren Theilen einer Esse ansetzt (aber keinen von Kohlenfeuer entstandenen), kocht denselben in 8 Liter Wasser, bis dasselbe zur Hälfte abgedampft ist, lässt es erkalten, seihet es dann durch und fügt zwei bis drei Hände Kochsalz zu. In diese Flüssigkeit legt man kleine Würste $^1/_4$ Stunde, grössere $^1/_2$ bis 1 Stunde, Speck, je nach der Grösse 6 bis 8, Schinken 12 bis 16 Stunden. Das Einlegen geschieht einige Tage nach dem Schlachten, nachdem das zu Räuchernde an einem luftigen Orte gehörig abgetrocknet worden ist. Auch nachdem die Einlage in die genannte Flüssigkeit beendet, muss alles abermals wieder an einem luftigen Orte getrocknet werden. Der Geschmack der auf solche Weise behandelten Würste und Schinken ist weit angenehmer als nach der gewöhnlichen Holzräucherung. Beim Aufbewahren muss, wie schon mehrmals erwähnt, das Fleisch sehr trocken sein, weil sonst die aus demselben ausschwitzende Feuchtigkeit sich der Umhüllung mittheilt und dasselbe leicht verdirbt. Ein sehr gutes Mittel zur Aufbewahrung des Rauchfleisches ist jedenfalls Kohlenpulver.

*Amerikanische Aufbewahrungsmethode von Schinken.* Nach Scheller werden in Amerika die geräucherten Schinken, sowie das geräucherte Fleisch dicht in besonders vorher präparirtes Seidenpapier oder feinen Webstoff eingeschlagen. Diese Letzteren werden vorher getränkt mit nachstehender Lösung: 1 Theil Schellack, 4 Theile Weingeist, $^1/_{16}$ Theil gepulverter Alaun, $^1/_{16}$ Theil Oliven- oder Leinöl, ausserdem werden die imprägnirten Stoffe auf der einen Seite noch besonders mit der angegebenen Lösung bestrichen und in dieselben hierauf der Schinken oder das Fleischstück völlig eingeschlagen, so dass kein Theil der Oberfläche des Fleisches unbedeckt bleibt, was besonders zu beachten ist; hierauf wird der Umschlag nochmals mit der genannten Lösung überstrichen und ersterer in alle Vertiefungen des Fleisches sorgfältig eingedrückt; man kann auf dieselbe Weise auch noch eine zweite Lage von den respectiven präparirten Stoffen auf die ersteren auftragen. Durch dieses Verfahren wird von den Fleischtheilen der Zutritt der Luft und der Feuchtigkeit völlig abgehalten, das Fleisch erhält sich jahrelang auf diese Weise in seinem Saft und behält seinen Wohlgeschmack, denn ein Austrocknen des Fleisches kann nach dieser Präparation nicht stattfinden; auch wird das so präparirte Fleisch von Insekten nicht angegriffen.

*Anwendung des Quecksilberchlorids.*

**Anwendung des Quecksilberchlorid's.** Um Leichen, Thiere sowie anatomische Präparate zu conserviren, bedient man sich oft des zuerst von Chaussier empfohlenen Quecksilberchlorids in Lösung. Das Verfahren besteht einfach darin, die betreffenden animalischen Organe und Körper in eine concentrirte Lösung von Quecksilberchlorid einzulegen, und sobald dieselben von der Lösung durchdrungen sind, herauszunehmen und zu trocknen. Dadurch werden dieselben vollkommen gesichert gegen Fäulniss u. s. w., wie auch gegen Insekten und Gährungskeime. Handelt es sich z. B. um die Conservirung eines ganzen Cadavers, so muss derselbe mindestens 3 Monate in der Lösung liegen bleiben.

*Smith's Conservations-Liqueur.*

Smith's Conservations-Liqueur besteht aus 1,5 Gramm Quecksilberchlorid, 1,5 Gramm Kampfer, welche in 21 Kl. 825 stärkstem Alkohol gelöst werden. Doch die Benutzung des Quecksilberchlorids ist nicht ohne Nachtheil für den Operateur beim Seciren, aber auch die chemische Wirkung des Salzes auf die organischen Substanzen ist eine heftige und äussert sich im Einschrumpfen und Nachdunkeln des Cadavers bis zur Unkenntlichkeit. Abbé Baldaconne ersetzte das Quecksilberchlorid durch das Alembrothsalz, wodurch die betreffenden Objekte in einigen Tagen fast steinhart werden, ohne dass sie ihre natürliche Farbe oder ihre Form eingebüsst hätten.

*Anwendung von Metallsalzen.* **Anwendung andrer Metallsalze.** Das Quecksilberchlorid kann durch andere Metallsalze ersetzt werden, doch immer noch mit der Beschränkung, dass die mit Anwendung dieses oder jenes Salzes conservirten organischen Stoffe als Nahrungsmittel keine Verwendung finden.

*Anwendung des Alaun.* So empfiehlt Clauderius Alaun. Die zum Conserviren anatomischer und anatomisch-plastischer Präparate im Krankenhause zu Dublin angewandte Flüssigkeit besteht aus einer gesättigten Alaunlösung, zu der man auf 100 Gramm Alaun 2 Gramm Salpeter zugesetzt hat. Das Präparat wird in diese Flüssigkeit eingetaucht, worauf es sich bald entfärbt; nach einigen Tagen aber nimmt es seine Farbe vollständig wieder an. Man nimmt es heraus und bewahrt es in einer gesättigten Auflösung von Alaun im Wasser.

Wilke verwendet zu vorstehendem Zwecke eine Mischung aus Alaun und Kupfervitriol.

Auch nachstehende Conservirungsflüssigkeit wurde gegen Insekten empfohlen. Man nimmt 16,5 Gramm gepulverten weissen Arsenik, 250 Gramm Alaun, giesst 2 Kl. 062 Wasser darüber und digerirt einige Tage unter öfterem Umschütteln, worauf man filtrirt.

*Alaunseife.* Eine gute Alaunseife für Thierbälge erhält man, wenn man in einer Schale 133 Gramm gewöhnliche Hausseife schmilzt, dann 250 Gramm destillirtes Wasser zusetzt und anderentheils 66,5 Gramm feingepulverte trockene Pottasche, 33 Gramm feingepulverten Alaun, 33 Gramm feingeriebenen Kampfer unter die Seifenlösung rührt und schliesslich noch 33 Gramm Steinöl (Petroleum) zufügt.

*Schwefelsaures Eisenoxyd als Conservirungsmittel.* Nach Braconnot soll man todte Körper und anatomische Präparate conserviren, indem man sie in eine schwache Auflösung von schwefelsaurem Eisenoxyd (spec. Gw. = 1,02) legt.

*Verwendung des Chlorzinks.* Barnet empfiehlt zu gleichem Zwecke das Chlorzink.

Ph. Urb. Payras löst, um frische oder trockene Häute zu conserviren und vor Ungeziefer zu schützen, gleiche Gewichtstheile Zinkvitriol und Chlorzink im Wasser auf und bringt die Lösung auf 15° Bé. Mit dieser Lösung bestreicht man die Fleischseite der zu conservirenden (Pferde- Ochsen-, u. s. w.) Häute mittelst eines Pinsels oder einer Bürste, oder man kann auch die Häute direkt in die Lösung eintauchen, was bei Schaaffliessen oder bei Pelzwerk jedoch nicht anzurathen ist, da dadurch zu viel der Flüssigkeit unnöthig verloren geht. Das Verfahren ist für frische sowohl wie für trockene Häute anzuwenden; bei starken Häuten wird die Flüssigkeit stärker, bei schwachen dünner aufgetragen. Dieses Verfahren schützt ganz unbedingt die so präparirten Häute gegen alles Ungeziefer und conservirt dieselben, ohne dass es nöthig ist, sie zu salzen oder zu klopfen. Felle und Häute werden nach Theraulde dadurch auch vor der Zerstörung und Fäulniss durch Feuchtigkeit und Luft bewahrt, dass dieselben 24 Stunden lang in eine Lösung von Kochsalz und Zinkvitriol von 4 bis 6° Bé. gelegt, alsdann in Wasser gespült und an der Luft getrocknet werden; wenn sie fast trocken sind, werden sie zusammengeschlagen und verpackt.

*Anwendung des Zinkvitriols.*

Nach Strauss-Dürkheim ist eine concentrirte Lösung von Zinkvitriol (10 Theile Wasser, 14 Theile Zinkvitriol) ein vorzügliches Mittel, die Fäulniss thierischer Körper zu verhindern, ein Haifischkopf hatte sich 16 Jahre lang in einer solchen Zinkvitriollösung vollkommen erhalten, so dass sogar der Geruch des frischen Seefisches noch wahrzunehmen war; ausserdem lassen sich durch Einspritzen von dieser Zinklösung in die Pulsadern auch Cadaver in Mumien verwandeln und auf diese Art conserviren.

Falconi hat sich ebenfalls durch viele Versuche überzeugt, dass eine Auflösung von Zinkvitriol, in die Leichname injicirt, dieselben gänzlich vor der Fäulniss schützt; ebenso conserviren sich die zartesten Theile thierischer Körper, wie Gehirn, Eingeweide u. s. w. vollständig, wenn dieselben in eine Lösung von Zinkvitriol eingelegt werden; die stählernen Instrumente, mit denen solche mit Zinkvitriol injicirte Leichname secirt wurden, erleiden dabei gar keine Veränderung und halten sich vollständig gut. Die thierischen Substanzen behalten bei dieser Conservirungsmethode gegen 40 Tage ihre Weichheit und Farbe bei, erst dann trocknen sie ein.

*Benutzung der Mangansalze.*

*Essigsaurer Kalk als Präservirungsmittel.*

Muenzing benutzt das Manganchlorür und Mangansulfat; Taufflieb das Zinnchlorid, Dussard das Kupfervitriol, Cotterau Kalksaccharat, während H. B. Barlow dem essigsauren Kalk den Vorzug giebt. Das in Rede stehende Präservirungsmittel ist eine Lösung von irgend einem Kalksalze, doch giebt die Specifikation essigsaurem Kalke den Vorzug. Die zu bewahrenden Substanzen werden 4 bis 12 Stunden in eine aus 2 bis 6 Theilen des

Salzes in 100 Theilen Wasser bereitete Auflösung getaucht und nachher an der Luft oder in Oefen getrocknet. So präparirt können dieselben in Gefässen, die nicht luftdicht zu schliessen brauchen, aufbewahrt werden. Sollen sie für den Gebrauch gekocht u. s. w. werden, so lässt man sie vorher etwa 12 Stunden in kaltem Wasser auslaugen. H. B. Barlow schlägt dies Verfahren auch zur Einbalsamirung der Leichen vor.

*Chromsäure-Benutzung.* Jacobsen benutzt zum Conserviren die Chromsäure und das Kaliumbichromat, Gannal das Aluminiumacetat, Aluminiumsulfat oder chlorür; Tranchina das allbekannte und vielbenutzte Arsenik.

*Arsenikverwendung zum Conserviren von thierischen Stoffen.* Eine seit Jahrzehnten in ihrer Anwendung bewährte Mischung beim Ausstopfen der Thiere ist nachstehende: 500 Gramm weisser Arsenik wird in $^8/_{10}$ Liter Essig so fein als möglich zerrieben und 66,5 Gramm Sublimat hinzugesetzt; die Mischung wird in wohlverwahrten Flaschen zum Gebrauche aufbewahrt.

*Arsenikseife.* Die Arsenikseife für Thierbälge wird dadurch bereitet, dass man 66,5 Gramm Hausseife in einer Schale schmilzt, dann 166,5 Gramm Wasser zusetzt und 16,5 Gramm gebrannten Kalk, 50 Gramm Pottasche, 116,5 Gramm weissen Arsenik und 16,5 Gramm Kampfer in zerkleinertem Zustande darin verrührt. Die so zubereitete Seife wird in Töpfchen aufbewahrt.

*Verwendung des essigsauren Natron's.* Nach Sacc conservirt man Fleisch und andere thierische Nahrungsstoffe durch essigsaures Natron. Man schichtet die Fleischstücke in ein Fass und bringt $^1/_4$ des Fleischgewichtes essigsaures Natron in Pulverform darauf. Im Sommer tritt die Wirkung unmittelbar ein; im Winter muss man die Fässer in einen bis 20° C. erwärmten Raum stellen. Das Salz absorbirt das Wasser des Fleisches; nach 24 Stunden kehrt man die Fleischstücke um und bringt die unteren Stücke nach oben. Nach 48 Stunden ist die Wirkung beendet und man packt die Fleischstücke in ihrer Salzlake in Fässer oder trocknet sie an der Luft. Wenn die Fässer nicht ganz voll sind, so füllt man sie mit einer durch Auflösen von 1 Theil essigsaurem Natron in 3 Theilen Wasser bereiteten Salzlake. Die Salzlake, von dem Fleisch getrennt und bis auf die Hälfte abgedampft, krystallisirt und liefert die Hälfte des angewendeten Salzes wieder. Die Mutterlauge bildet ein ausgezeichnetes Fleischextract, welches in Form eines dicken Teiges 3% des angewendeten Fleisches ausmacht. Bei Zubereitung des conservirten Fleisches muss man daher dieses Extract im Verhältniss von 3 zu 100 zu dem Fleische zugeben, damit dasselbe vollständig den Geschmack des frischen Fleisches wieder annimmt, da ihm die in der Salzlake gebliebenen Kalisalze fehlen, wodurch der Geschmack fade wird. Vor der Verwendung des Fleisches muss man es, je nach der Grösse der Stücke, wenigstens 12 bis 24 Stunden lang in lauwarmes Wasser legen, dem per Liter 10 Gramm Salmiak zugesetzt sind. Dieses Salz zersetzt das in dem Fleisch gebliebene essigsaure Natron unter Bildung von Chlornatrium, welches den Geschmack des Fleisches hebt und von essigsaurem Ammoniak, welches die Muskeltheile anschwellen macht und ihnen den Geruch und die sauere Reaktion des frischen Fleisches giebt. Das so präparirte Fleisch kann auf jede Weise wie frisches Fleisch zubereitet werden, und die Knochen desselben liefern auch, wie die vom frischen Fleische, in reichlicher Menge eine fette und sehr schmackhafte Bouillon. Sacc hat auf diese Weise ganze Thiere, wie: Fische, Hühner, Enten und Schnepfen präparirt, nur müssen natürlich vorher die Eingeweide herausgenommen werden.

Unter dem Einflusse der Salzlake verliert das Fleisch ein Viertel und, wenn man es trocknet, ein zweites Viertel an Gewicht, von welchem Thiere es auch herstammen mag. Das Fleisch aller warmblütigen Thiere kann man in der Wärme trocknen; aber mit Ausnahme der Karpfen und der anderen zahnlosen Fische können Fische, besonders Lachse und Forellen, nicht getrocknet werden, weil ihr Fleisch dabei wie Butter zerfliesst, zu einem röthlichen Oele schmilzt und bloss eine schlammige Masse von thierischen Fasern, die bald ranzig werden, übrig bleibt. — Die Conservation der Gemüse geschieht ebenso wie diejenige des Fleisches; sie vermindern dabei ihr Gewicht im Allgemeinen um $^5/_6$, der Brabanter Kohl um $^3/_4$. Um die nach diesem Verfahren behandelten Gemüse zu verwenden, legt man sie 12 Stunden lang in kaltes Wasser und kocht sie dann ebenso wie frische Gemüse. Bevor man die Gemüse mit dem essigsauren Natron bedeckt, brüht man sie ab, bis sie ihre Steifigkeit verlieren. Nachdem sie mit essigsaurem Natron 24 Stunden lang behandelt sind, presst man sie aus und trocknet sie an der Luft. Pilze werden so wie sie sind verwendet. Man giesst auf dieselben eine aus gleichen Theilen essigsaurem Natron und Wasser bereitete Lake, bis sie damit benetzt sind. Die Lake ist 30° C. warm und ihre Wirkung ist nach 24 Stunden beendet. Man nimmt die Pilze dann heraus, presst sie aus und trocknet sie; sie haben nun, ebenso wie die anderen Gemüse, $^5/_6$ ihres ursprünglichen Gewichtes verloren. Sacc hat nur mit Morcheln operirt, welche in Frankreich eine Luxusspeise sind, in Russland aber so häufig vorkommen, dass sie die Speise der Armen bilden. Kartoffeln muss man zunächst mit Dampf kochen, da sie im rohen Zustande von einer Lake aus essigsaurem Natron nicht durchdrungen werden, gekocht aber sich so leicht präpariren lassen, wie andere Gemüse. Alle nach diesem Verfahren behandelten Nahrungsmittel müssen an einem trockenen Orte aufbewahrt werden.

Verwendung des Ammoniaks. Das Ammoniak ist ein vortreffliches Mittel zur Conservation thierischer Flüssigkeiten und Gewebe und eignet sich namentlich zur Aufbewahrung medicinischer Präparate, welche sich nach Richardson's Versuchen Monate, selbst Jahre lang darin unverändert gehalten haben. Es ist aber zu diesem Zwecke nöthig, das Ammoniak allein anzuwenden; Materialien, welche erst im Weingeist lagen und dann dem Ammoniak ausgesetzt worden waren, verdarben stets. Zur Conservation von Flüssigkeiten, wie Milch oder Blut, braucht man nur den Ammoniakliquor hinzuzusetzen, und es genügen dann schon etwa 20 Tropfen eines starken Liquors auf 60 Gramm. Für Gewebe thut man am besten, dieselben in eine Flasche oder unter eine Glasglocke zu bringen, eine Lage von Filz oder Leinwand beizufügen, welche mit 10 Tropfen bis 3,5 Gramm starken Ammoniakliquors getränkt ist, und dann das Gefäss vor dem Zutritt der Luft zu verschliessen.

Die Ursache der antiseptischen Eigenschaften des Ammoniaks ist darin zu suchen, dass es die Vereinigung des Sauerstoffes mit den oxydablen Körpern verhindert. $^1/_5$ Gramm Ammoniak, welches man in 700 Cubikcentimeter Luft vertheilt hatte, war im Stande, die Einwirkung des Sauerstoffs dieser Luft auf einen mit Jodkaliumkleister bestrichenen Papierstreifen gänzlich zu verhindern, erst als der Streifen wieder aus dem ammoniakalischen Raume entfernt war, fing er an, sich blau zu färben.

*Essigsaures Ammoniak als Conservirungsmittel.*

Pienkowski und später Malortie und J. C. T. Wood liessen sich die Anwendung des essigsauren Ammoniaks für England patentiren. Fleisch, Fische, Gemüse u. dgl. m. werden frisch in mehr oder weniger concentrirter Lösung von Ammoniumacetat getaucht und nachher an der Luft getrocknet. Zur Aufbewahrung für längere Zeit packt man die Nahrungsmittel in mit genannter Salzlösung gefüllte Büchsen oder Fässer. Das Kochen, Braten etc. so zubereiteter Artikel treibt das essigsaure Ammoniak mit Leichtigkeit (?) aus. Die Nahrungsmittel sollen frei von dem säuerlichen Geschmack sein, welchen essigsaures Natron ihnen verleiht. Uebrigens ist der essigsaure Ammoniak als ausgezeichnetes, die Fäulniss verhinderndes Mittel anerkannt worden.

Pienkowski hat überhaupt Versuche mit verschiedenen Salzen angestellt auf ihre Eigenschaft, die Fäulniss organischer Substanzen zu verhindern, indem er Rindfleischstücke von je 50 Gramm Gewicht in Versuchsgefässen mit je 10 Gramm eines der verschiedenen Salze bestreute, in einen tiefen Keller von fast constanter Temperatur (10 bis 12° C.) und etwas feuchter Atmosphäre brachte. Gar keine antiseptische Wirkung zeigten: Kali- und Natronalaun, schwefelsauere Thonerde, phosphorsaueres Natron, salpetersaueres Ammoniak, salpetersauerer Strontian und -Baryt, chlorsaueres Kali, schwefelsaueres Natron, -Kali, -Magnesia und -Ammoniak, essigsaueres Manganoxydul und arsenige Säure, Chlorbaryum, oxalsaueres Ammoniak und -Natron, schwefligsaueres Natron (war alt und vielleicht zersetzt) und unterschwefligsaueres Natron. Einige Salze wirkten etwas antiseptisch, nämlich: Chlorkalium, salpetersaueres Kali und -Natron, phosphorsaueres Ammoniak, salpetersauerer Kalk, phosphorsaueres Kali, kohlensaueres Natron und -Kali, chromsaueres Kali und Weinsteinsäure, arsensaueres Natron; das damit imprägnirte Fleisch verbreitet nicht mehr den charakteristischen Geruch faulender organischer Substanzen, aber verschiedene andere, mehr oder weniger unangenehme Gerüche und bedeckt sich theils mit Moder, theils mit Infusorien, theils mit Infusorien und Mykodermen. Wirklich antiseptisch sind folgende 24 Salze, da das damit imprägnirte Fleisch nach einem Monat keine Veränderung erlitten hatte, noch Infusorien oder Mykodermen zeigte: essigsaueres Natron, -Kali, -Ammoniak, -Bleioxyd, essigsauerer Baryt und -Kalk, Chlornatrium, Chlorammonium, Chlorcalcium, Chlorzinn, salpetersaueres Anilin, Phenylsäure, Essigsäure, Chlorkupfer, schwefelsaueres Kupferoxyd, Quecksilberchlorid, doppelt chromsaueres Kali, Chlormangan, Chlorzink, schwefelsaueres Zinkoxyd, schwefelsaueres Eisenoxydul, schwefligsaueres Kali und salpetersaueres Bleioxyd. Doch sind nicht alle diese Salze gleich wirksam; nach weiteren 5 Monaten zeigten mehrere Stücke Fleisch schon eine angehende Zersetzung und waren mit Infusorien und Mykodermen bedeckt, doch nur an der Oberfläche, im Innern aber gut erhalten. Nach 6 Monaten zeigten sich ganz unverändert die mit folgenden Salzen imprägnirten Fleischstücke: essigsaueres Ammoniak, essigsauerer Baryt, Chlornatrium, Chlorkupfer, Chlorquecksilber, schwefelsaueres Kupferoxyd, essigsaueres Bleioxyd, salpetersaueres Anilin, Carbolsäure, Essigsäure und doppelt chromsaueres Kali. Die antiseptischen Eigenschaften der ersten drei Substanzen sind sehr bemerkenswerth, weil dieselben das natürliche Aussehen des Fleisches nicht merklich verändern. Pienkowski bemerkt noch, dass das mit essigsaurem Natron imprägnirte Fleisch sehr leicht trockne, einen angenehmen Geruch behalte und leichter zu wässern sei, als das mit Chlornatrium behandelte.

*Schwefligsaures Natron.* Sobald es sich darum handelt, Kadaver zu späteren anatomischen Secirübungen aufzubewahren, so erhält man dieselben in dem gewünschten unzersetzten Zustande durch Einspritzen einer 24 bis 26° Bé. schweren Lösung von neutralem schwefligsaurem Natron. Die eingespritzte Flüssigkeit durchdringt das ganze Gewebe und erhält so den Kadaver im geruchlosen, unzersetzten Zustande; einzelne abgetrennte Theile jedoch halten sich nicht lange an der Luft. Man thut deshalb gut daran, dieselben jeden Tag mit einem in Chlorzinklösung getauchten Schwamm zu bestreichen. Selbst schon in der Fäulniss begriffene Kadaver lassen sich in dieser Weise wieder in benutzbaren Zustand bringen. In dieser Weise ist es möglich, Leichen 15, 30 ja selbst 40 Tage lang in geruchlosem, unzersetztem, brauchbarem Zustande zu erhalten.

*Conserviren mit zweifach schwefligsaurem Natron.* Georges zerschneidet das Fleisch des frisch geschlachteten Thiers in Stücke, deren Gewicht zwischen 2 bis 60 Kl. variirt, und legt es in eine Flüssigkeit, welche ungefähr 85 pCt. Wasser und eine Mischung von Glycerin, Salzsäure und zweifach-schwefligsaurem Natron enthält. Nachdem es hinreichend lange in der Flüssigkeit gelegen hat, nimmt man es wieder heraus, bestreut es mit pulverisirtem zweifach-schwefligsaurem Natron und bringt es in Büchsen von Weissblech, welche dann zugelöthet werden. Die Büchsen müssen vollständig mit dem Fleische gefüllt sein. Das Fleisch wird in diesem Zustande vollkommen conservirt; wenn man die Gefässe nach Verlauf einer gewissen Zeit, zuweilen erst nach einem Jahre, öffnet, so findet man das Fleisch frisch und blutig, als ob es erst vor einer Viertelstunde abgeschnitten wäre. Um es von dem Geruche nach schwefliger Säure zu befreien, wäscht man es blos mit Wasser, welches angemessen mit Essig versetzt ist und setzt es der Luft aus, an welcher es leicht 48 Stunden lang conservirt werden kann. Es besitzt dann alle Eigenschaften von frisch geschlachtetem wilden Thier.

*Conserviren von anatomischen Präparaten mittelst galvanischen Niederschlages.*

Michiels hat gefunden, dass sich ein galvanischer Niederschlag eben so gut auf organischen Körpern herstellen lasse, wie auf Metallen, Holz, Stein u. dgl. m. Derselbe benutzte nun diese Eigenschaft zum Conserviren von anatomischen Präparaten, indem er dieselben erst mit einem galvanischen Kupferniederschlage umgab und dann erst versilberte oder vergoldete. Der galvanische Niederschlag wiedergiebt jede feine Nüance der Haut etc., umgiebt vollkommen luftdicht den organischen Körper, so dass kein Luftzutritt möglich ist, und ist deshalb anzunehmen, dass sich in dieser Art behandelte animalische Körper unbegränzte Zeit erhalten lassen.

*Einbalsamirungsmethode d. alten Egypter.*

In welcher, wahrhaft grossartigen Weise die Conservirung der Leichname vorgenommen wurde, davon geben uns die egyptischen Mumien den besten Beweis, von denen viele mehr als 4000 Jahre alt sind.

Nach Herodot haben die egyptischen Einbalsamirer in den Leichen der weniger Reichen die Eingeweide durch Einspritzen einer Aetzlauge zerstört, sodann die Leiche in eine concentrirte Lauge von Natron (unreines, wie man solches durch Eindampfen des Wassers eines Natronseees erlangt) eingelegt und 70 Tage darin gelassen. Nach dieser Zeit wurde dieselbe herausgenommen, abgewaschen und getrocknet. Sehr oft wurden schliesslich die Leichen in ein Bad aus geschmolzenem natürlichen Asphalt eingelegt, welches den Körper durchdrang, denselben schwärzte und ihm einen eigenthümlichen Geruch verlieh.

Bei reichen Leuten wurden erst die Eingeweide entfernt, die Bauchhöhle mit aromatischen Stoffen und Asphalt vollgefüllt. Vordem wurden die Leichen jedoch erst getrocknet und mit Palmwein abgewaschen. Nachdem nun, wie vorerwähnt, die Bauchhöhle der Leichen mit aromatischen Stoffen gefüllt worden war, wurde die ganze Leiche mit einer dünnen Schicht von Natron bestreut. Nach beiläufig 70 Tagen wurde die Leiche wiederum mit Palmwein gewaschen, getrocknet und mit Leinwandbinden, welche früher mit einer Harzlösung imprägnirt waren, fest umwickelt; schliesslich mit Hieroglyphen oder anderen Zeichnungen bemalt und in Holzsärgen, mehrere in einander, beerdigt. So conservirte Mumien finden sich in sehr grosser Menge in Egypten noch heutigen Tages.

Diese Methode leidet jedoch an dem Uebelstande, dass in Folge der langen Dauer der vorbereitenden Manipulation der Körper besonders die Gesichtstheile eine gänzliche Veränderung, mitunter bis zum nicht mehr Erkennbaren, erlitten. Wir besitzen jetzt Mittel, z. B. in dem schon früher erwähnten Zinkchlorür, die Operation der Einbalsamirung (uneigentlich gesagt) zu beschleunigen und den Leichnam ebenso fest, hart, widerstandsfähig gegen die Atmosphäre der Luft zu machen.

*Conservirung der Leichen nach Dr. Burow's Methode.*

Das von Dr. Burow in Königsberg zur Conservirung der Leichen angewendete Verfahren besteht darin, dass die Arterien der Leiche durch Einspritzung mit einer Lösung von essigsaurer Thonerde gefüllt werden. Dieses Mittel erhält man durch Mischung von 5 Gewichtstheilen Alaun mit 8 Gewichtstheilen Bleizucker und 64 Gewichtstheilen Brunnenwasser, und nachheriges Filtriren der Flüssigkeit.

An gewissen Orten besitzt die Erde, sei es in Folge ihrer Porosität, ihrer Wärme oder chemischen Zusammensetzung, die Eigenschaft organischen Körpern die Feuchtigkeit zu entziehen, dieselben auszutrocknen, zu erhalten und gegen den Einfluss der Atmosphärilien zu schützen. Vorzugsweise sind es Kalkgrotten und Höhlen, welchen diese Eigenschaft im höchsten Grade eigen ist. Bei Mastrich z. B. findet sich der St. Petersberg, in welchem ein weicher Kalkstein gebrochen wird, und der mit einem Labyrinth von Gängen durchbrochen ist. In einem dieser Gänge fanden besuchende Engländer den vollkommen erhaltenen Leichnam eines Mannes, welcher der Kleidung nach aus der Mitte des achtzehnten Jahrhunderts sein musste. Derselbe verirrte sich wahrscheinlich in den Gängen und ist des Hungers gestorben. Die Luft in diesem Labyrinth ist völlig trocken und finden sich auch keine lebenden Insekten in demselben.

Das Beinhaus der Franziskaner und der Jakobiner in Toulouse, sowie die Krypta der Kirche St. Michan in Doublin besitzen ebenfalls die Eigenschaft menschliche Leichname zu mumificiren.

Unweit von Palermo befindet sich ein Kapuzinerkloster, welches, in Folge der Eigenschaft menschliche Leichname zu conserviren, weit und breit berühmt ist. Nachdem die Leichen daselbst sechs Monate in den Gewölben gelegen haben, werden sie bekleidet und die Mauer der unterirdischen Galerien entlang, in welchen ihrer bereits nach Tausenden liegen, gelegt; denn nicht nur Klosterbrüder allein erhalten hier ihre letzte Ruhestätte, sondern auch jeder andere, welcher eine gewisse Taxe oder ein Legat dem Kloster zugehen lässt, kann hier einen Platz finden.

Baron d'Haussez, welcher diese Gewölbe besuchte, erfuhr von dem ihn begleitenden Kapuziner, dass um die Leichen zu conserviren, denselben vorher erst eine Lösung, welche zum grössten Theile Sublimat (Quecksilberchlorid) enthält, eingespritzt wird und sie mit einer dünnen Kalkschicht noch weiter bedeckt werden. Es ist also hier nicht etwa die chemische Zusammensetzung der Erde, die trockene Luft des Locales u. dgl. m. Ursache der Wirkung, sondern einfach das Sublimat die conservirende Substanz. Wir haben aber schon früher angeführt, dass die Verwendung des Quecksilberchlorids zur Conservirung von organischen Stoffen von Chaussier zuerst empfohlen worden ist.

Wenn es auch das Ansehen hat, dass den im vorbemerkten Kloster lebenden PP Kapuzinern die conservirende Wirkung der Quecksilbersalze, namentlich des Quecksilberchlorids bekannt war, so müssen wir dennoch Chaussier das Prioritätsrecht wahren, da derselbe unabhängig von anderen die Anwendung des Quecksilberchlorids empfahl und dessen Verwendung veröffentlichte.

Dr. Haussez aber gebührt das Verdienst, das Geheimniss der Conservirung der Leichen im Kloster der PP Kapuziner bei Palermo enthüllt zu haben.

*Conservirung thierischer Stoffe mittelst Schwefelkohlenstoffs.*

Wir wollen hier noch schliesslich des von Prof. Phil. Zöller in Wien empfohlenen Mittels zum Präserviren von thierischen und vegetabilischen Stoffen erwähnen. Es ist dies der Schwefelkohlenstoff, dessen conservirende Eigenschaften jedoch schon H. Schiff vor längerer Zeit bekannt waren. Wie Zöller gefunden, ist in einem Luftraum, der verhältnissmässig sehr wenig, bei gewöhnlicher Temperatur entstandenen Schwefelkohlenstoffdampf enthält, jede Schimmelbildung und Fäulnisserscheinung ausgeschlossen. Versuche, von Zöller über diesen Gegenstand angestellt, sollen: 1. das Minimum an Schwefelkohlenstoff feststellen, welches als Dampf der Luft beigemengt noch conservirend wirke; und 2. ermitteln, ob sich die durch Schwefelkohlenstoff conservirten Nahrungsmittel zum Genusse für Menschen eignen. Die Versuche wurden in Gläsern oder in Gefässen aus Zinkblech angestellt. Die letzteren sind Cylinder von 0,7 Meter Höhe und 0,5 Meter Durchmesser, oben ist eine Rinne eingelöthet, in welche der Deckel passt, und die behufs luftdichten Verschlusses mit Wasser, Glycerin etc. angefüllt wird; oben und unten am Kasten ist ein Tubulus angelöthet, wodurch es ermöglicht wird, aus einem ausserhalb angebrachten Gefässe beliebige Mengen Schwefelkohlenstoff in den Innenraum verdampfen zu lassen. Zu den Versuchen wurde völlig reiner Schwefelkohlenstoff verwendet, der vollkommen flüchtig und dessen Geruch kaum unangenehm ist. Die Versuche zeigten nun, dass Fleisch der Art, auch in Form von unzerlegten Thieren, in Quantitäten bis zu 20 Kl., in einem dem Inhalte des Zinkkastens entsprechenden Luftraum, in welchem 5 Gramm Schwefelkohlenstoff verdampft sind, sich beliebig lang conserviren lässt. Das Fleisch hing bei den Versuchen entweder frei in der schwefelkohlenstoffhaltigen Athmosphäre, oder lag in Tüchern gehüllt, welche zuvor 48 Stunden in einer ebensolchen Atmosphäre sich befanden, auf den durchlöcherten Einsätzen der Kästen. Bei einer Temperatur, welche niemals unter 24,5° C. herabging, wohl aber häufig 30 bis 33° C. betrug, war das Fleisch nach 14 Tagen bis 3 Wochen vollkommen wohl erhalten; nur eine geringe Menge von blutigem Fleischsaft war ausgeflossen. Sehr wahrscheinlich genügt eine noch geringere Menge Schwefelkohlenstoff. Eine sehr geringe Menge Schwefelkohlenstoff genügt, um frisches (heisses) Brot, Gemüse, Früchte jeder Art, sowie auch Fruchtsäfte zu conserviren. Nimmt man auf den Liter Luftraum 5 Tropfen Schwefelkohlenstoff, so halten sich darin am leichtesten zersetzbare Früchte und Gemüse. Die so conservirten Brotsorten, Gemüse, Früchte, Fruchtsäfte eignen sich, nachdem sie ausgelüftet sind, ohne Weiteres zum Genusse und sind im Geschmack (?) und im sonstigen Verhalten dem frischen Gemüse etc. völlig gleich. Dagegen wären Versuche anzustellen, wie sich das Fleisch beim Genusse verhält. Freilich war von vornherein klar und wurde auch durch Versuche bestätigt, dass das durch eine so geringe Menge dampfförmigen Schwefelkohlenstoff conservirte Fleisch keinen schädlichen Einfluss auf Menschen und Thiere ausüben kann. Ob aber das mit Schwefelkohlenstoff conservirte Fleisch sich zum Genusse für den Menschen eigne, blieb immerhin fraglich, denn es kommt hierbei nicht bloss darauf an, dass das Nahrungsmittel unschädlich ist, sondern dass auch sein Geruch, Geschmack, Aussehen etc. dem Genusse nicht entgegenstehen. Während beim Oeffnen der Gefässe, in welchem Früchte etc. conservirt wurden, öfters kein Geruch, wie ihn der Schwefelkohlenstoff besitzt, mehr wahrzunehmen war, zeigte alles conservirte Fleisch, so sehr es sich auch bis auf die äussere blässere Farbe wie gutes frisches Fleisch verhielt, doch einen unangenehmen Geruch, wie ihn der Schwefelkohlenstoff annimmt, wenn er in einem verschlossenen Glase verdampft dem Lichte ausgesetzt ist. Dieser Geruch wird schwächer, wenn das Fleisch an der Luft steht; er verliert sich jedoch ganz beim Kochen und Braten des Fleisches; während des Bratens tritt Schwefelkohlenstoff auf. Aber neben dem erwähnten Geruche ist bei dem conservirten Fleisch noch ein solcher nach flüchtigen Fettsäuren wahrzunehmen; diesen verliert es nicht vollständig beim Braten und erhält dadurch den Geschmack des Wildprets. Freilich ist ein solcher Geschmack für die meisten Menschen nicht unangenehm. —

Bezüglich der Wirkungsweise des Schwefelkohlenstoffes als Conservirungsmittel ist die Untersuchung noch nicht abgeschlossen. Als Ergebniss der seither angestellten Versuche dürfte jedoch anzuführen sein, dass der Schwefelkohlenstoff die Eiweisskörper coagulirt — dasselbe thut auch eine sehr geringe Menge Xanthogensäure — und den Wassergehalt der conservirten Substanzen vermindert. Dem Prof. Rudolf v. Wagner scheint es jedoch verfehlt zu sein, alle das Fleisch vor dem Verderben schützende Mittel zum Conserviren des zur Nahrung bestimmten Fleisches anwenden zu wollen. Das fleischconsumirende Publicum, die höchste Instanz in dieser Sache, wird derartiges mittelst Chemikalien conservirtes Fleisch sicher zurückweisen.

# Sach-Register.

Buchdruckerei von Gustav Schade (Otto Francke) in Berlin.